本书得到四川轻化工大学管理学院学科建设、川南经济区发展战略协同创新中心资助

俄罗斯科技体制转型与科技创新研究

王忠福 著

Eluosi Keji Tizhi Zhuanxing Yu Keji Chuangxin Yanjiu

中国社会科学出版社

图书在版编目（CIP）数据

俄罗斯科技体制转型与科技创新研究 / 王忠福著. —北京：中国社会科学出版社，2019.6
ISBN 978-7-5203-4662-7

Ⅰ.①俄… Ⅱ.①王… Ⅲ.①科技体制改革—研究—俄罗斯②技术革新—研究—俄罗斯 Ⅳ.①G325.12②F151.243

中国版本图书馆 CIP 数据核字（2019）第 128609 号

出 版 人	赵剑英
责任编辑	卢小生
责任校对	周晓东
责任印制	王 超
出 版	中国社会科学出版社
社 址	北京鼓楼西大街甲 158 号
邮 编	100720
网 址	http://www.csspw.cn
发 行 部	010-84083685
门 市 部	010-84029450
经 销	新华书店及其他书店
印 刷	北京明恒达印务有限公司
装 订	廊坊市广阳区广增装订厂
版 次	2019 年 6 月第 1 版
印 次	2019 年 6 月第 1 次印刷
开 本	710×1000 1/16
印 张	14
插 页	2
字 数	209 千字
定 价	78.00 元

凡购买中国社会科学出版社图书，如有质量问题请与本社营销中心联系调换
电话：010-84083683
版权所有　侵权必究

前　言

科技创新对一国的经济社会发展起到了至关重要的作用，科技体制为科技创新提供了制度框架。科技体制的制度变迁带来了科技创新的制度基础、组织以及运行机制的变化，进而影响着科技创新的实现。中国正在进行科技体制改革，以促进创新型国家建设，如何通过科技体制改革促进科技创新的实现，进而促进经济社会的发展，俄罗斯给我们提供的这方面的经验教训将具有重要的参考价值。

苏联在高度集中的计划经济模式下形成了科技资源单一计划配置、科技与经济、科学与教育、军民科技均分离的科技体制。随着市场化经济转型，俄罗斯的科技体制逐步发生变化。本书从创新经济学理论出发，结合新制度经济学、发展经济学以及转型理论，考察俄罗斯科技体制的制度变迁对科技创新的影响、科技创新组织、科技创新运行机制、科技创新效应及其深层次原因以及形成创新型国家的前景，以期从中获得对我国进行科技体制改革、建设创新型国家服务的有益启示。

基于上述研究动因，本书围绕俄罗斯科技体制转型与科技创新展开论述，主要思路为：

第一，对该领域研究的相关文献进行梳理，分析当前该领域现有文献的主要成就以及研究的不足。

第二，介绍科技体制转型与科技创新的理论问题与分析框架。

第三，对俄罗斯科技体制转型的基本逻辑、简要历程进行分析回顾，并探讨转型的特征。

第四，从相关经济理论视角，分析俄罗斯科技体制的制度变迁及其对科技创新的影响。

第五，研究俄罗斯科技体制转型中的科技创新组织、运行机制与模式。

第六，对俄罗斯科技体制转型下的科技创新效应进行测度。

第七，对俄罗斯的科技创新效应深层次原因进行探讨，同时对俄罗斯创新型国家前景进行分析。

第八，对俄罗斯科技体制转型与科技创新进行总结。

俄罗斯科技体制转型是其整个经济转型的重要组成部分，尽管其转型不可避免地带来了一些负面影响，但同时也对其整个市场化转型、经济结构以及产业结构等带来了一定的积极影响。作为科技创新发展的制度安排，俄罗斯科技体制转型为其包括技术创新、高新技术产业发展等在内的科技创新提供了重要支撑，并在一定程度上促进了俄罗斯经济发展。俄罗斯科技体制转型与科技创新的分析对包括中国在内的转型国家具有较强的借鉴作用。

目　录

第一章　绪论 …………………………………………………… 1
　　第一节　选题背景、目的及意义 ………………………………… 1
　　第二节　相关研究综述与评价 …………………………………… 4
　　第三节　研究思路、内容、方法及分析工具 …………………… 14
　　第四节　创新之处与研究不足 …………………………………… 17

第二章　科技体制转型与科技创新：理论问题与分析框架 …… 18
　　第一节　创新的理论问题 ………………………………………… 18
　　第二节　科技创新的发生机制与发展规律 ……………………… 28
　　第三节　科技创新发生的制度基础 ……………………………… 36
　　第四节　本书分析框架 …………………………………………… 46

第三章　俄罗斯科技体制转型的基本逻辑、简要历程与特征 … 53
　　第一节　俄罗斯科技体制转型的基本逻辑 ……………………… 53
　　第二节　俄罗斯科技体制转型的简要历程 ……………………… 59
　　第三节　俄罗斯科技体制转型的特征 …………………………… 63

第四章　俄罗斯科技体制的制度变迁及其对科技创新的影响 … 67
　　第一节　市场机制的引进及其对科技创新的影响 ……………… 67
　　第二节　政府与市场手段的结合及其对科技创新的影响 ……… 74
　　第三节　科技与经济的结合及其对科技创新的影响 …………… 76
　　第四节　科技与教育的结合及其对科技创新的影响 …………… 81

第五节 加强军民两用技术结合及其
对科技创新的影响 …………………………… 87
第六节 融入科技全球化及其对科技创新的影响 ……… 91

第五章 俄罗斯科技体制转型中的科技创新组织、机制与模式 ………………………………………………… 97

第一节 俄罗斯科技体制转型中的科技创新组织分析 ……… 97
第二节 俄罗斯科技体制转型中的科技创新机制分析 ……… 108
第三节 俄罗斯政府主导型科技创新模式及其特点 ……… 132

第六章 俄罗斯科技体制转型下的科技创新效应分析 ……… 136

第一节 科技进步与科技进步贡献率 ……………………… 136
第二节 俄罗斯科技创新效应定性评价 …………………… 138
第三节 俄罗斯科技创新绩效定量分析 …………………… 149

第七章 俄罗斯科技创新效应深层次原因与创新型国家建设前景 ………………………………………… 160

第一节 俄罗斯科技创新效应深层次原因分析 …………… 160
第二节 俄罗斯创新型国家建设前景 ……………………… 187

第八章 研究结论与启示 ………………………………… 202

第一节 研究结论 …………………………………………… 202
第二节 启示 ………………………………………………… 204

参考文献 ………………………………………………… 207

后　记 …………………………………………………… 219

第一章 绪论

第一节 选题背景、目的及意义

一 选题背景

本书主要考察俄罗斯科技体制转型与科技创新，选择这一论题主要基于以下现实与理论背景：

第一，在当今的知识经济时代，科技创新已经成为促进经济发展、提升国家综合竞争力的重要手段。世界各国都将提高科技创新能力、建设创新型国家上升到国家战略高度。科技体制的制度结构、科技创新组织安排以及运行机制将对一国的科技创新、经济发展等诸多方面产生广泛而深远的影响。

第二，"中国和俄罗斯作为两个市场化经济转型大国，在走向市场经济的过程中，由于面临的基本约束条件和自然禀赋的差异，选择了不同的道路，并形成了各自特点鲜明的经济发展模式。中国实现了30年经济高速增长，俄罗斯也在2000年之后体验着经济的快速增长。但从两国经济的核心竞争力和增长形式看，都面临着严峻的增长可持续性问题。中国正在耗尽所拥有的劳动力成本优势，俄罗斯也不可能仅仅依靠丰裕的自然资源维持强国地位。因此，中俄两国不约而同地把创新问题提到国家战略的高度。"[①] 俄罗斯尤其在遭遇了金融危机之

[①] 徐坡岭：《中俄企业创新行为比较：异同及其原因》，《俄罗斯中亚东欧研究》2009年第5期。

后进一步认识到，只有依靠科技创新，才是拉动经济增长的根本出路。2008年，普京提出了发展创新型经济的思想纲领。梅德韦杰夫把发展创新型经济与实现俄罗斯的全面现代化联系在一起。2011年12月，俄罗斯政府批准《2020年前俄罗斯创新发展战略》。俄罗斯发展创新经济成为俄罗斯政府工作的重点，也逐步引起学术界的关注。

第三，目前，国内学界对俄罗斯经济转型、制度变迁、产业结构、公司治理等宏微观问题都进行了较为充分的研究。但对俄罗斯经济转型而言，仍有诸多值得研究的领域，尤其是与俄罗斯经济发展的相关研究。在此背景下，俄罗斯科技体制转型与科技创新问题，因为与俄罗斯经济结构升级、经济增长方式转变、国家竞争力提升等问题密切相关，因而越来越受到学术界的重视。

基于此，俄罗斯科技体制转型与科技创新就成为一个重要的研究课题。

二 研究目的

目前，国内学界对俄罗斯创新问题研究所涉及的领域较为宽泛，从俄罗斯创新战略的背景、国家创新体系（NIS）的特点、战略、路径选择等问题，到俄罗斯创新主体、创新体制、体系、制度、机制、环境、创新文化以及前景都有了一定的论述。但是，对俄罗斯创新问题而言，还有诸多值得深入研究的领域，尤其是转型以来俄罗斯科技体制的制度变迁与科技创新实现的研究。然而，目前国内在该领域的研究非常薄弱。本书的目的就在于努力弥补这方面的不足。

对西方发达国家而言，创新发生的制度基础是市场与政府相结合。对转型国家而言，创新发生的制度基础将由计划经济转向市场经济，这不同于西方发达国家。在市场化经济转型的大背景下，科技创新发生的制度基础将由计划向市场转型，这将伴随着整个经济体制的转型。市场化经济转型构成科技创新的约束条件。研究俄罗斯的科技创新，不但要考察科技创新发生的制度基础——市场与政府作用，还要考察科技体制的制度变迁、科技创新组织及其科技创新运行机制。那么，在市场化经济转型背景下，俄罗斯科技创新发生的制度基础是如何变迁的？政府与市场在其中发挥了怎样的作用？科技创新组织以及运行机制如何？科技创新效应如何？深层次原因是什么？形成创新型国家的前景如何？本书尝试对这些问题进行回答。

三　研究意义

基于上述背景，本书以俄罗斯科技体制转型与科技创新作为研究对象，既有其理论意义，又有其实践意义。

（一）理论意义

对于现有关于科技体制与科技创新的研究文献，大多是在既定的市场经济制度背景下对其进行研究。然而，事实上，对转型国家而言，由于其处于从计划经济到市场经济的转型进程中，科技体制也随之进行制度变迁。"俄罗斯的市场化经济转型是如此典型，对其进行剖析和研究，必将增进作为一门社会科学的经济学的内涵，并给同处于经济转型过程中的中国市场化实践提供一些有益的启示。"[①] 研究转型以来的俄罗斯科技体制的制度变迁有助于丰富转型经济学的内涵。

科技体制转型与科技创新逐步成为学术界关注的焦点问题之一。在此背景下，对科技体制转型与科技创新进行深入研究分析是很有必要的。因此，笔者对创新的相关研究进行了简要梳理，在此基础上，从科技体制的视角构建出了一个新的分析框架，并以俄罗斯这一典型转型国家对其进行理论上与实践中的验证，进而揭示科技体制的制度变迁对科技创新影响的规律，力图为科技创新研究、俄罗斯科技创新研究做一点贡献。

（二）实践意义

通过对俄罗斯科技体制转型与科技创新的研究，揭示出科技体制的制度变迁对科技创新影响的规律，这对我国实现科技资源的合理配置和活跃的科技创新具有重要的指导意义。

另外，对其研究既可以让我们对俄罗斯科技体制的制度结构、科技创新组织、科技创新运行机制以及科技创新程度进行把握，又可以根据其经验教训，为我国科技资源配置的合理化、实现活跃的科技创

[①] 徐坡岭：《俄罗斯经济转型轨迹研究——论俄罗斯经济转型的经济政治过程》，经济科学出版社2002年版，第2页。

新、深化科技体制改革、进行创新型国家建设以及中俄科技创新合作提供决策依据。

第二节 相关研究综述与评价

一 关于创新的相关理论研究与评价

(一) 熊彼特创新理论

人们认识创新最早主要是从技术与经济结合的角度，研究技术创新在经济发展中的作用。

创新的概念最早是在1912年由熊彼特（J. A. Schumpeter）在其《经济发展理论》一书中提出来的。[①] 按其观点，创新是指"建立一种新的生产函数""生产要素的重新组合"，具体包括引进一种新产品，采用一种新生产方法，开辟一个新市场，获取原材料或半成品的一个新供应来源和实行一种新工业组织形式。[②] 熊彼特将这种"新组合"的实现称为"企业"，把以实现并且执行这一"新组合"为职业的人叫作"企业家"。"企业家"及"企业家精神"在创新过程中的地位极为重要，是技术创新的关键。同时，他还对发明与创新的差异做了区分。1942年，熊彼特在其《资本主义、社会主义与民主》一书中进一步拓展了其关于创新的思想，不仅认为技术创新属于经济发展的内生变量，而且还尤其强调大企业在技术创新及其资本主义经济发展这一进程中所起的决定性作用。他认为，大企业和创新这种进步有更多的关系，一个现代企业，只要它觉得花得起，首先要做的就是建立一个研究部门，等等。

根据熊彼特的创新理论，菲利普斯（Phillips，1971）创建了两个市场结构与技术变化关系的模型。弗里曼（Freeman，1982）在此基

[①] ［美］约瑟夫·熊彼特：《经济发展理论——对于利润、资本、信贷、利息和经济周期的考察》，何畏等译，商务印书馆1990年版，第73页。

[②] 后人将这五种"新的组合"概括为五个创新，即产品创新、技术创新、市场创新、资源配置创新和组织创新，其中，组织创新可以视为初期狭义的部分制度创新。

础上又对这两个模型进行修改，提出了熊彼特企业家创新模型和熊彼特大企业有管理的创新模型。由于这两个模型都特别强调研发对于技术创新的推动作用，后来的学者将这两个模型合称为技术推动模型。

根据熊彼特的观点，我们可知，技术创新的主体是企业家和企业；技术创新是企业内生的，并促进经济的长期增长；但是，熊彼特关于政府制度安排对技术创新的影响没有涉及。

（二）新古典学派创新理论

进入20世纪50年代中期以来，技术创新理论基本围绕着新古典学派创新理论与新熊彼特学派创新理论两个方向进行。

以索洛（Solow，1956）、阿罗（K. Arrow，1962）、罗默（Romer，1986，1990）和卢卡斯（R. Lucas，1988）等为代表的新古典学派，在熊彼特技术创新理论的基础上将技术进步纳入新古典经济学的理论框架中，创建了新古典与内生经济增长理论，分析了技术创新和经济增长间的关系。1956年，索洛构建了新古典经济增长模型，认为促进经济增长的基本因素，除资本和劳动之外，还有技术进步。在索洛之后，阿罗（1962）、宇泽弘文（H. Uzawa，1965）、乔根森（D. Jorgensen，1967）、丹尼森（E. Dension，1976）等进一步研究了技术进步对经济增长的贡献，但其理论研究都是在假设技术进步为经济增长的外生变量这一前提条件下进行的。

为了弥补新古典经济增长模型的不足，罗默、卢卡斯等经济学家将技术进步引入经济增长模型，创建技术内生经济增长理论，即新增长经济理论。1988年，卢卡斯强调了人力资本外部性对解释经济增长的重要性。在人力资本和物质资本的累积过程中，存在一个内生增长路径。因此，人力资本是推动经济增长的关键因素。1990年，罗默开创性地提出了内生经济增长基本模型，将技术进步内生化，指出，在技术进步条件下，既可以避免资本边际效益递减规律，又可以保持经济持续增长观点，它不仅给出了经济主体进行技术创新的微观内生机制，同时也揭示了宏观经济运行的路径与规律。

在研究技术创新促进经济增长的过程中，新古典学派阿罗、罗默等认为，技术创新存在市场失灵，为保证技术创新的顺利实现，需要政府进行合理干预。如阿罗认为，在技术创新这一过程中，创新收益的非独占性、技术创新产品的公共产品性及其外部性是其市场失灵的根源。罗默也指出，技术作为一种投入，是非竞争且部分排他的产品。因此，政府应采取适当的金融、税收、政府采购等措施，弥补市场失灵，实现资源的优化配置，促进技术创新的实现，进而实现经济的增长。但是，新古典经济学派认为，自由市场机制能自动修复所面临的问题，不赞成政府对经济的过分干预。

（三）新熊彼特创新理论

以曼斯菲尔德（E. Mansfield）、施穆克勒（Schmookler）、罗森伯格（Rosenberg）、纳尔逊（Nelson）、弗里曼等为代表的经济学家秉承了经济分析的熊彼特传统。这些经济学家强调，在经济增长过程中，技术进步与技术创新起到核心作用，同时认为，"企业家"是技术创新的主要推动力，经济结构对技术创新具有促进作用，重视对技术创新"黑箱"内部运作过程与机制的揭示，多采用经验研究和案例分析，并提出了诸多技术创新模型。

曼斯菲尔德分析了新技术扩散的因素，并建立了新技术扩散模式，通过创新与模仿之间的关系，对技术的模仿与扩散进行了解释。阿罗、卡曼（Kaman）、施瓦茨（Schwarz）等学者从市场竞争强度、企业规模和垄断强度等方面对技术创新与市场结构的关系进行了深入研究。

自20世纪60年代以来，梅耶（Myers）和马奎斯（Marquis）提出了创新的市场需求拉动模型。1966年，施穆克勒（Schmookler）提出创新的市场需求拉动说，认为发明的速度和方向主要是由市场增长和市场潜力决定的。1979年，沃尔什（Walsh）、汤森德（Townsend）等学者的研究结论与熊彼特理论更为一致，他们认为，"科学、技术与市场之间的联系是复杂的、相互作用的，而且是多方向的，主要驱动力量随时间和工业部门不同而有所变化"。1983年，罗斯韦尔（Roy Rothwell）提出了技术创新的技术与市场交互作用模型。Fusfeld和Kahlish（1985）及希佩尔（Von Hippel, 1987）等学者也注意到技术创新很大程度上是在企业间或企业与用户间交互作用而实现的。罗森伯格和克莱因（Kline，1986）提出了技术创新过程的链式回路模型，把创新活动与现有知识存量和基础研究结合起来，同时又表现出创新各环节间的多重反馈关系。

（四）制度创新理论

无论是熊彼特还是新熊彼特学派，在对影响技术创新的因素进行分析时，主要是从技术推动或市场需求拉动抑或两者相结合的角度进行的，基本上没有考虑制度因素。以戴维斯（Davis）、诺思（North）为代表的新制度经济学派，运用一般均衡和比较静态均衡的新古典经济学分析方法，围绕"制度决定论"对制度创新决定了技术创新进行阐述。诺思认为，无论是技术进步还是专业化分工、规模经济，都不过是经济增长自身的表现，经济增长应当归因于制度创新，是制度创新决定了技术创新。另外，由于技术创新的正外部性使个人收益小于社会收益，不利于个人创新积极性提高。要想技术创新被有效激励，就必须确立提高私人收益的产权制度，让产权得到有效界定和保护，在技术创新的个人收益与社会收益达到一种均衡。

（五）国家创新系统理论

20世纪80年代以来，技术创新经济学家不但考虑研发活动、生产、销售、管理等各个环节，更系统的考虑技术、经济、社会、文化等诸因素对创新效率的影响，尤其重视国家制度安排对技术创新的影响，强调弗里德里希·李斯特（Friedrich List）是其理论的鼻祖[1]，创立了国家创新系统（NIS）理论，并形成了国家创新系统学派，代表人物有弗里曼、伦德瓦尔（Lundval）、纳尔逊等。

"国家创新系统"（National Innovation System，NIS）这一术语的首次使用是在弗里曼（1982）向经济合作与发展组织（OECD）递交

---

[1] 因为德国经济学家弗里德里希·李斯特（Friedrich List）于1841年在其《政治经济学的国民体系》中开创性地从国家角度研究后进国家在激烈的国际竞争中所应该采取的经济发展对策等问题。尽管李斯特已经充分认识到科技在现代工业发展过程中所起的重要作用，但他分析的着眼点却是国家专有因素，没有对科技与经济增长之间的关系做深入研究。

的一篇报告中。① 他认为，对经济优势从一国转移到他国的原因与过程进行解释，不但要考察新的技术系统是如何产生的，同时还要考察新系统与现存的国家机构形式是否匹配。1987年，弗里曼首次运用"国家创新系统"这一概念对第二次世界大战后日本经济的发展奇迹进行分析。他认为，最重要的原因就在于日本形成了一个国家层面完整的促进创新的网络系统。1988年，安德森与伦德瓦尔认为，从国家层面研究用户和生产者间的相互作用是一个最有效的分析框架。

在多西等（Dosi et al., 1988）学者编写的《技术进步和经济理论》一书中，把纳尔逊、弗里曼、伦德瓦尔和佩利坎（Pelikan）的论文编排为"国家创新系统"。纳尔逊从美国的角度重点研究了发达国家创新系统中的组织和机构如何解决私人或公共部门在信息和技术创新获取方面的困境；弗里曼结合组织创新理论对此前研究的日本创新系统进行了总结，特别强调了通产省在技术创新中所起的重要作用；伦德瓦尔考察了创新过程中用户和生产者之间的反馈活动，认为可通过相互作用进行学习；佩利坎认为，同社会主义计划经济相比，资本主义市场经济下的国家创新系统更为有效，原因在于计划经济创新系统由于缺少市场竞争和职业经理人而缺乏效率。

进入20世纪90年代以来，学者对国家创新系统理论的研究重点由强调制度结构分析转向强调构成要素（各种组织机构）及其相互作用的网络组织关系的分析，并强调系统的网络组织属性和学习特征。

波特（Porter, 1990）在《国家竞争优势》一书中，基于经济全球化的背景，将国家创新系统的微观机制和宏观运行结合起来，认为国家的竞争优势正是建立在技术创新成功的企业基础上的，他的国家竞争力钻石理论认为，要形成国家产业的竞争力的关键就是要形成有效的竞争环境并促进创新的实现。伦德瓦尔（1992）在其主编的《国家创新系统：建立一种创新和互动型学习的理论》一书中对国家创新系统的构成要素及要素之间的互动，从系统、学习论的角度进行

---

① 该文章时隔22年后被公开发表。Freeman, "Technological Infrastructure and International Competitiveness", *Industrial and Corporate Change*, Vol. 13, No. 3, 2000, p. 550.

了首创性分析。

纳尔逊1993年在《国家创新系统：一个比较分析》一书中系统地比较分析了美国、日本等国家和地区资助技术创新的国家创新系统。帕特尔和帕维特（Patel and Pavit, 1994）认为，国家创新系统必须提供制度激励。1997年，经济合作与发展组织在《国家创新系统》研究报告中强调，国家创新系统中个人、企业和机构之间的技术和信息在一国国内的循环流转。而国家创新系统的政策含义就是要纠正技术创新过程中的系统失效与市场失效，即纠正企业对技术研发的投入不足等问题。埃德奎斯特（Edquist, 1997）在《创新系统：技术、机构和组织》一书中，从国家层面对创新系统理论进行了分析。另外，Breschi 和 Malerba（1997）在部门层面、Caracostas 和 Soetel（1997）在区域层面分别对创新系统进行了研究。这三个层面与国家创新系统并非替代，在这三个层面进行国际比较有助于理解国家创新系统的动态变化（Lundvall, 2007）。

（六）关于创新理论的简要评述

我们通过对创新文献的梳理，可以发现以下三个问题：

第一，关于创新的类型。通过梳理创新相关文献可以发现，创新具有不同的类型。如上文所述，熊彼特（1912）把企业家的创新分为五种类型。杰弗里·穆尔（Geoffrey A. Moore, 2005）把创新分为破坏性、应用、产品、流程、体验、营销、商业模式和结构8种创新类型。

由于创新的实现很大程度上依赖于科技，因此，这也形成多种类型的科技创新。如根据科技创新的活动类型可以分为基础创新、应用创新、实验开发创新；根据创新获取来源方式，可以分为原始性创新、模仿创新与集成创新等类型；根据科技创新的实现方式，可以分为自主创新、模仿创新与合作创新等类型；按照创新过程中科技变化强度大小，创新又可以分为根本性创新与渐进性创新等类型。

上文中对创新的分类是从不同的角度来划分的，然而，一项科技创新根据不同的划分标准，则可得出不同的创新类型。但是，由于不同类型的创新特点对应不同的制度，抑或国家，抑或市场，抑或国家与市场相结合，这样，才能出现活跃的创新。如基础研究的创新或根本性的创新一般需要国家政府的推动来实现，而一般性的产品创新、模仿创新则市场更有效率。因此，要实现活跃的科技创新，则需要政府与市场相结合以达到对科技资源的合理配置，进而实现活跃的科技创新。

第二，关于创新的发生机制。创新是如何实现的？通过对以上创新理论的回顾发现，关于创新的实现，无论是技术推动模型还是市场需求拉动模型，抑或后来的技术与市场交互作用模型、链式回路模型、国家创新系统驱动等对创新来源的解释，归结到一点，那就是国家与市场的相结合，要实现活跃的创新，就需要国家与市场的有机结合。只有国家与市场相结合的制度，才能实现资源配置的合理化，进而促使活跃创新的实现。

第三，关于创新的发展规律。科技创新的发展过程是指从创新思想的形成，到研究与实验开发，到中试试验，接着到生产、再到市场营销实现商品化的整个过程。其可以包括确认机会、思想形成、问题求解、解决、批量生产，新技术应用、模仿、扩散、消亡、新一轮创新的开始。从这一过程中，我们也可以看到国家与市场通过科技资源配置的合理化，进而达到活跃的科技创新。

总之，不同类型科技创新的实现、科技创新的发生机制、发展规律，都取决于科技体制的制度，国家与市场相结合的制度，才能实现活跃的科技创新。以上对科技创新的解释一般都基于市场经济的既定制度。但是，对经历市场化经济转型的俄罗斯而言，是从计划经济走向市场经济，那么其科技体制的制度变迁是如何影响科技创新的？其科技创新组织、科技创新运行机制与模式是怎样的？科技创新效应如何？深层原因是什么？前景如何？基于此，本书构建一个科技体制转型与科技创新解释的分析框架，以便对俄罗斯这些问题进行考察。

二　转型以来俄罗斯创新问题的相关研究与评价

（一）对俄罗斯的创新问题不同角度的研究

有的学者从系统的角度研究了俄罗斯的国家创新体系、风险创新体系、区域创新等。如经济合作与发展组织（2001）、俄罗斯工业科技部（2001）、俄罗斯联邦教育科技部（2009）、李滨滨（2002）、柳卸林和段小华（2003）、戚文海（2005）等分别研究了俄罗斯的国家创新体系；李滨滨（2002）介绍了风险创新体系，张寅生、鲍鸥（2005）对俄罗斯科技创新体系进行了研究；Sergey Boltramovich（2004）、Kari Liuhto（2009）、徐步（2010）、葛新蓉（2010，2011）介绍了俄罗斯区域创新情况。

还有学者从国家角度对俄罗斯的创新问题进行了研究。比如，V. I. Suslov（2004）分析了转变创新路径的重要性；别利亚耶夫（2005）、Christion Gianella 等（2007）分析了俄罗斯的创新政策；Rajneesh Narula（2008）分析了俄罗斯创新低效的原因；S. S. Tereshchenko（2010）分析了实现 2020 年创新战略所需要的准备；O. Golichenko（2011）分析了俄罗斯创新战略的问题和任务；戚文海（2005）对创新中的政府职能定位进行研究；Christion Gianella（2007）等分析了俄罗斯鼓励企业创新行为的框架安排；戚文海（2007）对俄罗斯国家创新战略及其演进进行研究；邓华（2009）对科技创新发展战略进行研究；戚文海（2010）对俄罗斯关键技术产业的创新发展战略进行研究。Irina Polyubina（2009）、G. A. Untura（2010）、Alexey Prazdnichnykh（2010）等对俄罗斯创新经济发展提出了政策建议，经济合作与发展组织（2011）在创新政策评论中为俄罗斯提供了一个全面的创新体系评估。

也有学者从企业创新的角度进行研究。比如，Alexey Prazdnichnykh 等（2010）、黄区行（1997，1998）、蓝天（1999）、吕秀伟（1999）、戚文海（2008）、徐林实（2008）；有学者对创新政策进行研究，如戚文海（2001，2012）、李滨滨（2003）等。

（二）对俄罗斯的创新问题不同对象的研究

从俄罗斯创新问题研究的不同方面来看，主要涉及俄罗斯技术创新存在的问题、绩效，创新经济发展的环境、背景、前景等问题的研究。

对俄罗斯技术创新的研究涉及科技创新中存在的问题、创新绩效等。盖达尔经济政策研究所（Gaidar Institute for Economic Policy，1992－2012）

介绍了俄罗斯科技创新的相关情况；黄区行（1999）、章志坚（1999）、余涛（2000）研究了技术创新中存在的问题；戚文海（2007）研究了技术创新绩效，戚文海（2010）研究了技术创新与制度变迁、结构调整以及经济增长之间的关系；宋兆杰、王续琨（2010）研究了技术创新与资源禀赋问题。

对俄罗斯创新经济的研究包括经济合作与发展组织报告（2001）；俄罗斯工业科技部（2001）、Sergey Boltramovich（2004）对创新经济发展的环境；戚文海（2008）对发展创新经济的必然性；郭晓琼（2009）、赵传君（2011）对创新经济的发展状况；程亦军（2005）、胡小平（2010）对创新经济发展前景分别进行了研究。

（三）对俄罗斯创新问题的比较研究

有学者采用比较研究的方法对俄罗斯的创新情况进行了研究。徐坡岭（2009）对中俄企业创新行为的异同及其原因进行了比较分析；邹秀婷（2006）对中俄创新情况进行了比较；童伟、孙良（2010）对中俄创新经济发展与政策保障机制进行比较；谢蕾蕾（2010）对"金砖四国"的创新能力结构进行比较；生延超（2011）对"金砖四国"的技术创新模式进行比较；欧阳峣（2011）对"金砖四国"的创新道路进行了比较；钟惠波、郑秉文（2011）对"金砖四国"在国家创新体系中的政府作用进行了比较；钟惠波（2011）对"金砖四国"国家创新体系政策进行了比较；钟惠波（2012）对"金砖四国"国家创新体系存在的问题进行比较；朱廷珺等（2012）基于知识产权保护，对中国、俄罗斯和巴西三国创新路径进行了分析。

（四）关于俄罗斯创新研究的简要评价

通过对文献的梳理可以发现，学者从不同角度或创新的不同方面对俄罗斯的创新问题进行了研究。在对俄罗斯创新问题众多研究文献中不乏有深刻的研究，但多数研究停留在简单的介绍上，并且在研究方法上多偏重于对事实的描述，可以说对其研究还停留在较浅的层面，许多重要的问题研究还不够深入，特别是基于市场化转型背景下对俄罗斯创新问题的研究不够深入。另外，关于科技创新的经济效应的实证研究也难以见到，将俄罗斯的科技创新与俄罗斯科技体制的制度变迁紧密结合的分析也很少见。

三 转型以来俄罗斯科技领域的相关研究与评价

（一）对俄罗斯科技领域不同方面的研究

对俄罗斯科技领域的状况，国内外学者从不同方面进行了分析介绍。有学者对俄罗斯科技发展状况进行了介绍。比如，盖达尔经济政策研究所（Gaidar Institute for Economic Policy, 1992 - 2012）对俄罗斯转型以来的科技领域的相关情况进行了较为详细的介绍；B. 罗基诺夫等（1992）分析了俄罗斯科技发展能力与前景；戚超英（1994）介绍了俄罗斯科技现状；宋魁（2000）分析了俄罗斯科技走势；戚文海（2002）分析了转型时期的俄罗斯科技战略；龚惠平（2010）分析了俄罗斯科技概况。也有学者对俄罗斯的科技政策进行了介绍。比如，德仁娜（И. Г. Дежина, 2003）、李建民（1997）、李靖宇（2000）、中国科学院文献情报中心（2003）、鲍鸥（2005）、郭林（2012）等。另外，别科托夫（Н. В. Бекетов, 2005）、李仁峰（1997）、姜振军（2010）等分析了俄罗斯科技面临的危机。

迟岚（2004）分析了俄罗斯科技体制改革与战略；张寅生（2005）分析了俄罗斯科技创新体系的改革进展。宋兆杰（2008）分析了苏俄科技兴衰的制度根源。同时，也有学者介绍了俄罗斯国防科技体制转型，如郭少雄（2007）、党建伟（2007）等。

洛伦·格雷厄姆（2000）则从历史的角度介绍了苏俄科学状况。科罗博金娜（З. В. Коробкина 2003）以"科学家"为重点研究对象对导致俄罗斯科学家创造积极性降低的社会心理因素进行分析。还有一些学者从中俄科技合作的角度对俄罗斯的科技状况进行介绍。如李剑锋（2004）、孙万湖（2005）、戚文海（2009）、吴庆峰（2010）等。

（二）对俄罗斯科技领域问题的比较研究

一些学者以比较的方法对俄罗斯的科技情况进行分析研究。阿谢乌洛娃和科尔钦斯基（2005）对俄中科技体制进行了比较分析，认为两国科技体制具有相同的结构，体制改革具有类似的目的；吕文栋（2005）对中俄科技潜力进行比较分析；张寅生与鲍鸥（2005）认为，中俄两国科技改革的总目标都是以经济合作与发展组织等科技发达国家为参照系，建设国家创新系统，但具体的政策及其效果又各有不同。

（三）关于转型以来俄罗斯科技领域相关研究的简要评价

学者对俄罗斯科技领域的研究多集中在对俄罗斯科学状况、科技政策、科技体制改革战略的介绍、分析上，未能与俄罗斯的科技创新及其效应紧密结合。从制度变迁的角度分析俄罗斯的科技体制转型及其对科技创新的影响的研究论述难以见到。

总之，通过对文献的梳理可以发现，国内外学者对俄罗斯科技创新与科技体制问题进行研究的文献尽管取得了一定的成就，但研究多停留在对其介绍上；并且在研究方法上多偏重于对事实的描述，可以说对其研究还停留在较浅的层面，许多重要的问题研究还不够深入，理论探讨不足，特别是基于市场化转型背景下科技体制的制度变迁及其对科技创新影响、科技创新效应的研究。另外，对俄罗斯科技创新效应规范的实证研究也难以见到。因此，有必要对俄罗斯科技体制转型与科技创新进行全面、深入的分析和探讨。这将有助于我们更加深刻、完整地认识、把握俄罗斯市场化经济转型的发展趋势。尤其是在知识经济的今天，展开对俄罗斯科技体制转型与科技创新研究同时将会对我国的科技创新发展和经济结构的调整优化、发展创新型经济、进行创新型国家建设起到重要的借鉴作用。

第三节 研究思路、内容、方法及分析工具

一 研究思路与内容

本书的研究思路是沿着"梳理基本理论—构建新"的分析框架—描述分析—实证分析—揭示深层原因—结论与启示的研究路线逐步推进的。

本书研究俄罗斯科技体制转型与科技创新。研究思路与研究内容包括八章。具体内容如下：

第一章通过对相关文献的梳理，提出问题，界定研究对象。

第二章是分析框架的设定，科技创新是如何发生的？需要什么样的制度基础？科技体制转型影响下的科技创新形式、组织、机制有何变化？这是理论探讨的重点。

第三章对转型以来的俄罗斯的科技体制转型进行分析，其转型的基本逻辑是什么？经历哪些阶段？有何特征？通过简单的回顾为下面的分析做一个背景介绍。

第四章分析俄罗斯科技体制转型及其对科技创新的影响，从以下几个方面分析，由于市场化转型，导致竞争机制引入，政府与市场均发挥作用，科技与经济、教育逐步结合，军民两用技术也逐步结合，并逐步融入科技全球化。然而，俄罗斯科技体制转型以后，科技创新在组织、机制上是如何表现的？基本模式如何？这是下一章要分析的内容。

第五章分析俄罗斯科技创新组织、机制与模式。本章从科研组织、高校、企业角度分析俄罗斯科技创新组织，并从预测规划、融资机制、政府税收补贴与采购机制、立法保护、创新机构项目、人才队伍建设机制六个方面分析俄罗斯科技创新机制，然后分析俄罗斯科技创新的基本模式与特点。然而，俄罗斯科技创新效应如何？对俄罗斯的经济发展有何影响？这将在下一章进行分析。

第六章对俄罗斯科技创新效应进行分析，研究其对俄罗斯经济增长、产业结构、贸易结构的影响。那么，引致俄罗斯科技创新效应低效的深层次原因是什么？其创新型国家战略的前景如何？这将是下一章分析的内容。

第七章对俄罗斯科技创新效应深层次原因和创新型国家建设前景分析。本章将从俄罗斯科技体制的路径依赖、转型约束、"资源诅咒"、全球化约束等方面分析科技创新效应深层次原因，并从俄罗斯创新型国家战略的提出、路径选择结合其约束条件与典型创新国家建设的经验对其前景进行分析。通过以上分析，我们可以得到哪些结论？有哪些有益启示？这将是下一章研究的内容。

第八章通过对俄罗斯科技体制转型与科技创新的分析得出六项结论与八项有益启示。

二 研究方法与分析工具

本书研究采取归纳与演绎相结合、历史与逻辑相结合、规范分析与实证分析相结合、定性分析与定量分析相结合以及比较研究等研究方法。具体内容介绍如下：

（一）归纳与演绎相结合

首先回顾梳理创新的一般理论，奠定本书研究的逻辑起点，然后结合市场化经济转型背景，构建新的分析框架，对俄罗斯的科技体制转型与科技创新进行理论和实证检验。

（二）历史与逻辑相结合

研究俄罗斯科技体制转型与科技创新，必然首先要对俄罗斯科技体制的历史阶段以及相关历史进行分析回顾，从而对俄罗斯科技体制的制度变迁进行把握，以其从中发现规律。

（三）规范分析与实证分析相结合

结合典型创新型国家科技创新体制的制度安排，就俄罗斯政府和市场在科技体制中的作用及其对科技创新的影响、科技创新的效应先做规范分析，然后在对科技创新效应进行实证分析。

（四）定性分析与定量分析相结合

在对俄罗斯科技体制转型中的科技创新效应进行研究分析时，先做定性分析，接着再运用计量经济学的分析工具，进行定量检验。

（五）比较研究

在对俄罗斯科技体制的制度变迁及其对科技创新的影响、科技创新组织、运行机制、模式等问题进行分析时，尽可能与典型创新型国家进行多角度的对比研究，以便更加直观地判断俄罗斯科技体制的制度变化、科技创新等方面与创新型国家相比存在的差距和问题。

本书从创新经济学理论出发，结合新制度经济学、发展经济学以及转型理论，基于市场经济转型的背景，重点考察俄罗斯科技体制的制度变迁是如何影响科技创新的，科技创新组织、科技创新运行机制将是怎样的，科技创新效应如何，深层次原因是什么，形成创新型国家的前景如何等问题。

第四节 创新之处与研究不足

一 创新之处

第一，构建了科技体制转型与科技创新研究的分析框架，从创新经济理论出发，结合新制度经济学、发展经济学、转型经济学等理论对俄罗斯科技创新问题进行了分析。

第二，对俄罗斯科技体制的制度变迁进行考察，系统地分析了俄罗斯科技体制的制度变迁对其科技创新形式、组织、运行机制的影响。

第三，对俄罗斯科技创新效应进行了实证检验。利用索洛增长速度模型测算了俄罗斯科技进步与科技创新对经济增长的贡献率，从而弥补了以往仅仅基于定性分析或简单定量分析研究的不足。同时，对俄罗斯科技创新低效的深层次原因进行了经济学解释。

二 研究不足

俄罗斯科技体制转型与科技创新研究是经济学的前沿研究课题，涉及创新经济学、新制度经济学、发展经济学、转型经济学等诸多方面的理论，对研究者的理论素养要求很高。由于笔者知识结构、研究能力有限，本书研究难免存在欠缺甚至错误。

首先，科技体制转型对科技创新的影响机制需要进一步思考。

其次，由于部分数据难以获得，对于俄罗斯科技体制转型对科技创新的影响研究无法深入和细化；尤其是近几年俄罗斯部分科技创新指标无法获取可能会影响对俄罗斯科技创新趋势的准确判断。

另外，对俄罗斯区域科技创新以及科技创新对制度变迁的影响等未做探讨。

第二章 科技体制转型与科技创新：
理论问题与分析框架

科技创新对于一国经济发展与社会进步起着越来越重要的作用，综合国力的竞争也越来越表现为科技创新能力的竞争。因此，自20世纪初熊彼特首次从经济学角度提出创新理论以来，众多的学者从不同角度对创新的内涵、特征、类型、过程等方面进行了深入研究，本章将对其从理论上进行一般性分析。同时，进一步分析对市场化经济转型国家而言，科技体制的转型对科技创新产生的影响。

第一节 创新的理论问题

一 创新的含义

人们对于"创新"这一概念可以说有多种解释。学术界所认同的是特指英文中的创新（innovation），即发生变化、引入新事物，区别于创造（creation）和发明（invention）。我国《现代汉语词典》对"创新"的解释是指创造性、抛开旧的、创造新的。并且，创新有着丰富的内涵，涉及经济学、管理学、社会学等诸多学术领域，包含技术、制度、组织、管理等诸多方面的创新。

在经济学中，创新有着特定的含义。《新帕尔格雷夫经济学大词典》对"创新"的解释是："特别是亚当·斯密与马克思都表现了对科学研究、技术创新与市场之间关系的兴趣，斯密（1776）早在18世纪就指出了科学研究上的专业分工增加的趋势以及机械制造业创新与科学家之间的联系（'哲学家'或'思想家'的任务是'观察一切'），马克思（1848）恐怕领先于其他任何一位经济学家把技术创新看作为经济发展与竞争的推动力——'资产阶级除非使生产工具……不断革命化，否则就不能生产下去'。""然而到了20世纪上半叶，著名经济学家差不多只有熊彼特自己一个人还在继续发扬这一古典传统。"[1]

由此可见，经济学意义上的创新早在古典经济学著作中就有初步阐述。但学者公认的首次从经济学角度提出创新概念并对其进行深入研究的还是美籍奥地利经济学家熊彼特。1912年，熊彼特在《经济发展理论》一书中首次从经济学意义上使用了"创新"这一词语，并指出，"创新"即"建立一种新的生产函数"，第一次把从未有过的生产要素以及生产条件的"新组合"引进到生产领域。[2] "企业家"进行创新的目的在于获取潜在利润。这是一个"企业家"将新思想、新方法由技术形态转化成市场所接受的新产品或服务并同时获得经济收益的过程。

自熊彼特从技术经济角度揭示创新的概念以来，众多学者在此基础上又进行了深入研究，进一步深化和扩展了创新的内涵与外延。经济合作与发展组织（2000）在《学习型经济中的城市和区域发展》这一报告中指出："创新的含义比发明创造更为深刻，它必须考虑在经济上的运用，实现其潜在的经济价值。只有当发明创造引入到经济领域，它才成为创新。"2004年，美国国家竞争力委员会向美国政府提交的《创新美国》认为："创新是把感悟和技术转化为能够创造新的市值、驱动经济增长和提高生活标准的新的产品、过程、方法和服务。"由此可见，学者在创新的内涵上更强调创新的经济价值的实现，这是创新的终极目标与核心，同时也是追求创新的动力。

总之，创新也就是将技术上的可行性和市场有效需求有机地结合起来，并投入大量的人力、财力、物力等资源进行研发生产活动，同

---

[1] ［英］伊特韦尔等编：《新帕尔格雷夫经济学大词典》，陈岱孙等译，经济科学出版社1992年版，第925页。
[2] ［美］约瑟夫·熊彼特：《经济发展理论——对于利润、资本、信贷、利息和经济周期的考察》，何畏等译，商务印书馆1990年版，第73页。

时实现产品的市场化并获取利润,也承担巨大风险的创造性活动。创新是创造性破坏的过程,是一种均衡被破坏以后重新达到一个新的均衡的过程。经济效益的实现是创新活动的重要标准。

二 创新的类型

由于创新与我们的生产生活密不可分,因此,我们经常可以见到科技创新、产品创新、过程创新、工艺创新、管理创新、组织创新和制度创新等诸多关于创新的词语。

创新的类型是创新研究的一个重要内容。对不同类型创新的研究,有助于我们更深入把握创新的内涵和外延。然而,依据不同的分类标准对创新进行划分,则可以得到不同的创新类型。

熊彼特在1912年所著的《经济发展理论》中把创新活动分为五种形式:①引进一种新产品;②采用一种新生产方法、新技术抑或新工艺;③开辟一个新市场;④获取原材料或半成品的一个新供应来源;⑤实行一种新工业组织形式或管理方法。[①] 由此可见,熊彼特含义上的创新已经涉及产品、原料、管理、组织等多方面的创新,其中的产品创新和原料创新可以归为技术创新,管理创新、组织创新可以归为制度创新。

2000年,经济合作与发展组织根据理论研究的需要把创新分为两个层次,即过程创新和产品创新。其中,过程创新又分为技术(工艺)与组织等类型的创新;产品创新又包括货物产品与服务产品等类型的创新。杰弗里·穆尔(Geoffrey A. Moore,2005)把创新分为破坏性、应用、产品、流程、体验、营销、商业模式、结构8种类型的创新。

经济合作与发展组织在2005年公布的《奥斯陆手册》第3版中又把创新区分为产品、流程、营销与组织等创新类型。其中,产品创新即产品(商品和服务)在使用性能和特征上进行全新的或显著的改进;流程创新即在生产流程中采用全新的或改进显著的技术装备或者

[①] [美]约瑟夫·熊彼特:《经济发展理论——对于利润、资本、信贷、利息和经济周期的考察》,何畏等译,商务印书馆1990年版,第73—74页。

软件等；营销创新即运用新的市场营销方法，包括产品的设计包装、定价、分销、推广等方面的显著改进；组织创新即新的工作组织形式、商业操作等。

按照创新的程度来划分，可以分为渐进式创新、激进式创新等创新类型。渐进式创新是一种渐进的、连续的小创新，以现有的科技知识能力积累对产品等进行调整完善，该创新成本低、风险相对较小，有助于企业竞争力和经济效益的提升；激进式创新也称根本型创新或突破型创新，是指对经济活动产生重大影响的革命性创新活动，对企业生存发展起着不可替代的重要作用。

另外，如果按照创新的规模还可以分为全球级、产业级、国家级和企业级四个层级的创新。若按照创新的内容，可以分为原材料、产品、设备、生产组织等类型的创新。

以上对创新的划分一般是从创新系统与外界联系的角度进行的，把创新的过程作为一个"黑箱"。其特点是从创新的投入与产出来分析，但对决定创新成败关键环节的中间过程考虑不足。

本书认为，创新不仅包括技术创新、制度创新，而且还包括科学创新。如将科学与技术作为一个范畴——科技创新来认识，则各种创新可以归入制度创新与科技创新的两大类型之中。制度创新与科技创新相互影响、相互促进。

三　科技创新的分类

科技，即科学与技术，两者既相互区别又相互联系。科学，是关于自然、社会和思维的知识体系，任务是揭示事物发展的客观规律，探求客观真理，要解决的问题是"怎么回事"（know – what），其目标在于发现，是人类认识世界的手段。从事科学研究的重要手段之一就是将反映最新科学发展、发现的论文或著作予以发表并得以传播。一般意义上的自然科学是一种"纯知识"，一般不考虑直接的生产应用，不能直接应用于生产，尤其不能解决把生产要素直接转化为现实生产力的问题。随着科学活动的发展，人文社会科学逐步从自然科学中分离出来，因此，本书中的科学主要是指自然科学。

技术则是指人们在社会实践经验和科学知识的基础上，在有目的的生产活动中所使用的如何把生产要素投入转化为产出的方法和工艺的总和，要解决的问题是"怎么做"（know-how），其目标在于发明，是人类改造世界的手段。技术活动一般要由技术人员或者熟练工人来完成，目的在于保持企业优势地位进而获取高额利润。由此可见，技术包含着三个层次的含义：①技术的来源，是根据一定时期的社会经验和科学知识而来的；②技术的目的，为了提高劳动生产率，且直接服务于生产；③技术的构成，既包括操作方法和技能的软件，又包括加工的原材料和物资设备的硬件。

然而，科学与技术并非彼此孤立，而是彼此影响的。科学是技术的前提与基础，可以启发技术，使其得以改进；而技术是科学的延伸与归宿。科学一般只有在借助于技术的情况下才可实现，尤其是对于企业更是如此。伴随着科学与技术的进一步发展，科学技术化与技术科学化的趋势越来越强，两者已成为一个有机的统一体而难以区分。因此，学者越来越趋向并频繁使用"科学技术"这一复合名词，并简称"科技"。也正是基于此，本书采用"科技创新"而非"技术创新"这一概念。

经过对创新和科技相关理论的阐述，那么，何谓科技创新？所谓科技创新，是指科技领域内的不断突破和发展，既包括科学创新，又包括技术创新。

（一）科学创新

科学创新是运用严密的科学方法，通过基础研究、应用研究等科学研究，有目的、有计划、有系统地获取新的基础科学和技术科学知识的过程。因而，科学创新的根本目的在于积累新的知识、创立新的学说、追求新的发现、探索新的规律、创造新的方法等。科学创新是一个认识客观世界、探索客观真理的活动过程，是技术创新的源泉和基础。其为人类的文明进步以及社会经济的持续发展提供了永恒的动力。

（二）技术创新

技术创新是指与新技术（包括新产品、新工艺）的研究与实验开发、生产以及和商业化应用相关的经济技术活动。其主要包含产品创新与工艺创新两种类型，同时其还涉及管理方式以及管理手段的革新。由此可见，技术创新属于科学创新的延伸与落脚点。

通过以上论述我们可以发现，科技创新是一个从创造并应用新知识、新技术和新工艺，采用新生产方式与新管理手段，开发生产新产品、新服务直至新价值实现形成新产业的复杂系统的动态过程。因此，科技创新是一个综合概念，是科学创新和技术创新的有机统一，并且涉及科技、经济、社会等诸多相关领域。科技创新不仅仅关系到科技进步与经济水平的提高，甚至还关系到一个国家、民族的荣辱兴衰。

科技创新一般有两种选择：一种是自主型创新，指通过依靠自身力量，独立进行研发形成拥有自主知识产权的有价值的核心技术，并在其基础上实现创新成果商品化的创新类型，自主型创新也叫作原始创新；另一种是依附型创新，即依附于率先创新者所进行的创新活动，指通过学习率先创新者的创新思想与创新行为，吸取其成功经验或失败教训，引进购买或破译率先创新者的密码，并在此基础上对其进一步改进完善，开发并形成自己的有竞争力的产品或服务，以此确立自己的市场竞争优势地位，进而获取经济利润的活动，因此，依附型创新又叫作模仿创新。两者的风险收益是不尽相同的，前者的创新风险大，但在产品投放初期可获得超额垄断利润，使企业在激烈的市场竞争中处于有利地位；后者创新风险小，但很难取得高额利润，尽管也能获得一定的市场份额，但通常是在依附于率先创新者开拓的新市场基础上实现的。

四 科技创新组织

在整个科技创新活动过程中，有诸多的社会组织参与其中，主要包括政府、企业、高校、科研机构，另外还有金融、法律、会计、教育培训等不同专业领域的中介服务机构项目等。这些组织机构从不同的角度、方面直接或间接地参与到科技创新活动中来，促进科技创新活动的发展。本部分主要分析直接参与科技创新活动的科技创新组织，包括企业、科研机构、高校等，其对于整个科技创新而言都是不可或缺的，但在科技创新中的作用又各不相同。

(一) 企业是技术创新的主体

企业应成为技术创新活动主体。所谓技术创新活动主体，指的是技术创新活动的主要承担者，主导着技术创新的全过程。企业可以而且应该成为技术创新的主体，尤其是那些除重大基础研究和社会公益研究等之外的科技创新领域。这既是由社会经济发展的客观规律决定的，也是市场化经济转型的必然结果，既是企业自身生存、发展壮大的现实选择，也是提升国际竞争力的必然要求。

同时，与政府、高校和科研机构相比，只有企业具备成为技术创新主体的条件。企业是市场经济体中最基本的微观经济运行主体，既是市场上各生产要素的供给者或购买者，同时还是其生产者或销售者。除此之外，在现有的市场经济条件下，企业面向市场进行自由竞争，需要自主经营，自负盈亏，企业的利润最大化目标使其有强大的内在技术创新动力，因此，企业具有更强的市场敏感性和盈利动机发现技术的商业用途，把握技术创新的市场方向，也就具备技术创新的天然属性。正如熊彼特所言，典型的企业家，比起其他类型的人来，是更加以自我为中心的。[①] 企业则通过产品创新、生产工艺和生产流程的过程创新以及商业模式创新实现技术创新成果的转化。同时，这也有利于科技资源的整合，形成科学家为企业服务的机制。而政府、高校和科研机构则不具备这些条件。

企业成为技术创新的主体，包含着企业成为技术创新的决策主体、研发主体、创新投入主体、成果转化主体、风险承担主体以及利益分配主体。技术创新是以市场为导向的经济活动，在何方向、何时、以何形式进行技术创新，企业由于了解市场需求动态，因此可以根据市场机制做出适宜安排，而其他组织则不能做出及时反应，因而企业可以成为技术创新的决策主体。

企业成为研发主体，才能使科研成果更易商品化、产业化，既做到技术上可行，又做到经济上可行，才能加强科研机构、高校同企业

---

① [美] 约瑟夫·熊彼特：《经济发展理论——对于利润、资本、信贷、利息和经济周期的考察》，何畏等译，商务印书馆 1990 年版，第 102 页。

的交流联系，更有助于形成以企业为主体、产学研相结合的科技创新机制。因此，企业成为创新投入的主体，就是企业根据市场需求与竞争的变化，能自主进行融资、投资，以适应经济全球化与竞争的需要。

在市场经济条件下，几乎所有的发达国家，企业都是技术创新的投入主体。发达国家80%的科研工作是在大企业中完成的。企业成为科技成果转化的主体，是因为只有企业才能将科研成果转化为新的产品和服务实现经济价值，否则只能停留在研发阶段。企业是真正意义上的技术创新风险的承担者。无论何种原因，企业如若技术创新失败，将承担因此带来的主要损失，这也是由于在技术创新过程中的技术、市场、权益分配和政策环境的不确定性等方面的因素所决定的，而高校与科研机构既不能也不会承担由创新所带来的风险。

除此之外，企业还是利益分配的主体。技术创新一旦实现，企业将获得创新利润，专利等知识产权保护将为其提供有效保护，保证企业可以获得最大的经济收益，企业应当有权自主分配税后利润。

企业如何才能成为技术创新的主体？这既需要坚持市场导向，建立现代企业制度，加大科技资金投入，同时还要营造良好的技术创新氛围、整合科技资源等。

（二）科研机构和高校是科学创新的主体

科研机构和高校具有科研人才和良好的科研条件，因此，同企业一样，在科技创新中发挥着不可或缺的作用，构成科技创新的重要环节。与企业相比，科研机构和高校在科技创新活动中具有自己的特点。一般而言，科研机构与高校多强调技术指标的先进性、追求科研成果，忽视市场需求。显然，科研机构与高校的科技创新市场导向远远比不上企业明显。这样也导致许多成果技术上可行，但在经济上无法实现，难以转化为有效的生产力。除此之外，科研机构与高校的科研经费主要来自政府投入，这使其缺乏技术创新的动力以及相应的风险防范与承受能力。因此，这也就决定了科研机构和高校在科技创新的某个阶段或某种类型的创新中起作用。

大学以基础研究为主，科研机构以应用研究为主，企业以开发研究为主，形成产学研的有效合作机制，让高校、科研机构的研究与企业相连，创新活动与市场需求相统一，科技成果有效转化。

科研机构和高校构成科技知识创新的主体。科研机构要起到骨干与引领的作用，大学要起到基础和生力军的作用。同时，对于投入高、风险大、周期长、回报率低的重大基础与社会公益等领域的研究，尤其是当前企业既无动力又无能力成为创新主体的科技创新项目，应该由政府组织科研机构和高校完成。

企业把市场需求反馈给科研机构和高校，然后由其致力于科学创新研究，再由企业把技术创新成果推向市场。这样，有利于缩短技术创新周期，避免研究与市场脱节，迅速实现科技成果向生产的转化。

五　科技创新的特征

要想实现活跃的科技创新，完善科技创新机制，充分发挥科技创新组织的作用，成功地运用好市场调节和政府计划两种手段，有效地克服"政府失灵"与"市场失灵"，科学处理政府与市场的关系，有效地激励科技创新，都离不开对科技创新特征性质的科学认识。

（一）科技创新的创造性

科技创新的本质特征是对生产要素进行重新组合。科技创新是企业的一种创造性行为，创造性主要表现在：①新颖性，追求的是创造出新技术、新产品、新工艺以及新生产方式等；②突破性，指的是创新成果要有一定的跳跃性，或者是突破性大的激进式创新，或者是突破性小的渐进式创新。科技创新的创造性要求，一方面要注重激励调动科技创新主体的积极性，尊重其人格、独立意志；另一方面要激励科技创新主体以市场为导向，以获取经济利益和增强企业的竞争力为动力进行优化科技资源配置，实现创新。

（二）科技创新的系统性

科技创新是一个多要素参与的系统过程。科技创新参与的主体涉及企业、政府、市场、科研机构、高校、中介组织等多个要素，包括信息收集处理、构思设计、实验研究、商品化等多个环节。另外，无论从微观角度看还是从宏观角度看都可以看到其系统性特征。就微观而言，科技创新在企业内部需要管理层、研发部门、生产部门、营销部门等相关部门的密切配合；就宏观而言，科技创新属于社会系统工程，创新方向需要直接面向市场，创新项目需要高校、科研机构、企业、政府等部门的积极互动。科技创新的系统性要求，既要充分调动起企业内部的积极性，又要对高校、企业、政府、科研机构准确定位，充分发挥其在科技创新活动中的功能。

（三）科技创新的市场性

科技创新的本质要求是科技与经济的有机结合。市场是实现科技与经济结合的一种有效激励制度安排，市场可以正确引导企业开发新产品，改变产品质量、种类，对产品进行升级换代，以通过对市场一定时期的垄断形成持续的竞争力和旺盛的生命力。科技创新的市场性要求科技创新应该以市场为导向，一方面根据市场需求来组织创新活动；另一方面创新成果要被市场所接受，能够占领、拓展并开发潜在市场。

（四）科技创新的多重产品性

科技创新产品主要包括知识形态的产品、专利形态的产品和实物形态的产品，是一种介于公共产品与完全排他性产品之间的特殊产品。一般而言，公共产品包括非排他性和非竞争性两个本质特征。然而，对于科技创新，不同类型的科技创新或者不同阶段的科技创新的性质又各不相同。其中，知识形态的科技创新产品具有公共产品的性质，专利形态的科技产品具有混合产品的性质，而实物形态的科技产品则具有私人产品的性质。因此，企业不愿意从国家角度投入足够的研发资金提供科技创新产品，尤其是对基础研究、部分应用研究的投入，企业更是缺乏动力；而政府则希望研发投资企业内部化。因此，对于实物形态的科技创新需要最大限度地调动企业的积极性，对知识形态、专利形态的科技创新则需要政府的主导大力协调。

（五）科技创新的外部性

科技创新具有明显的效益，但科技创新收益具有非独占性。这既可以带来微观经济效益，让创新企业或个人获得直接的财富增长以及由此引发的持续的经济效益，同时也可带来宏观经济社会效益，产生生产者净剩余和消费者净剩余，增进社会经济总福利。科技创新的收益一部分归科技创新者，另一部分则流向社会，产生广泛的科技创新溢出效应，具有很强的外部性。尽管这种外部性有益于社会经济发展，但是，造成了科技创新主体的创新损失，在一定程度上会影响到其创新的积极性与动力。因此，需要专利保护使科技创新企业能获得科技创新的最大利润，激发科技创新的积极性，进而达到社会最高水平。

（六）科技创新的不确定性

科技创新是一种高投入、高收益、高风险并存的经济活动。如若成功，企业将获得竞争优势，并能占有大量的市场份额。但是，由于信息不完全或信息不对称等带来的技术风险、市场风险和社会风险等，一旦失败，将会给企业带来严重的经济损失。科技创新的不确定性要求将其降至最低，一方面要求企业正确决策、精心组织；另一方面又需要政府积极引导、做好调控、健全市场体系、完善法律、风险投资机制，将风险降至最低并共担风险。

第二节 科技创新的发生机制与发展规律

一 科技创新的发生机制

（一）科技创新发生的动力机制

创新为何会发生？其发生的动力机制是什么？在熊彼特（J. A. Schumpeter）看来，企业家是创新主体。正是由于潜在创新利润的存在，才形成了企业家持续创新的内在动力。持续创新可以使企业获得丰厚的市场收益。市场需求是企业潜在创新利润实现的重要保证，构成了科技创新的动力源泉。市场需求意味着企业对新技术、新产品的需求，进而派生出企业对科技创新的要求，为科技创新提供了方向与目标。如果没有有效的市场需求，创新将无法取得成功。

同时，市场竞争的存在形成了企业不断创新的外在压力。在激烈的市场竞争下，企业作为自负盈亏的市场经济主体，如果不进行创新，就会为此付出被淘汰的代价，没有竞争优势的存在，将无法使生产发展。因此，企业会进行技术创新，以确保产品在成本、质量以及价格上拥有竞争优势。

这样，在获取市场超额利润的内在动力激励与外部市场竞争压力的双重力量作用机制下，创新才会不断涌现，进而推动社会经济迅速发展。相反，企业在没有任何动力和压力的情况下是不可能去主动淘汰现有设备技术，实现创新的。

市场对技术创新的影响是通过价格机制来实现的。市场通过正向价格激励，可以让企业获取超额创新收益；反之，通过逆向价格约束，可以让企业面临生存压力。总之，市场的这种正向价格拉力和逆向价格压力的有机结合，共同构成了企业技术创新发生的基本动力机制。

由此可见，若想活跃的科技创新的出现，就必须保证创新主体内在动力和外部压力的创新发生机制同时有效地发挥作用，保证所有创新制度安排都使创新主体能够获取最大的创新收益，而付出最小的成本。

除了市场需求拉力和市场竞争压力来调整创新主体的收益和成本，促进创新的实现，随着市场经济的发展，战略投资者、风险投资逐步出现，这有利于创新风险的分摊与规避，进而使创新更易于发生。

另外，还可以通过政府的推力，推动科技创新的发生。由于市场失灵的存在，尤其是在市场没有足够动力进行的创新基础设施提供、基础研究等领域，若想促进该领域的正常运行，就要依靠政府的宏观调控来进行弥补。

除市场与政府促进科技创新发生的动力机制之外，还有新技术的推动。新技术的出现、应用和扩散可以促使生产技术、生产工艺以及人们消费理念的改革，进而推动科技创新的实现。另外，人们创新意识与创新能力的培养，尤其是企业家的创新意识，这些都构成科技创新发生的重要前提和源泉。

科技创新的发生是各种动力因素合力的结果，要想促进活跃的科技创新的出现就需要调动科技创新的市场、政府等各种动力因素相互协调共同发挥作用。

(二) 科技创新发生的运行机制

科技创新的实现离不开科技创新机制的运行。由于不同的创新者具有不同的利益取向，若要实现国家活跃的科技创新，增强国家科技创新的整体能力，则需要构建一套完善的、科学的、有效的科技创新运行机制，以保证有效地激发各创新组织的积极性、主动性，实现科技创新的有序运行。

根据国家科技创新实现的条件，科技创新机制包括科技创新发展战略规划，融资机制，政府的采购、税收、补贴机制，法制保护机制，人才队伍建设机制，中介服务机制等。

1. 科技创新发展战略规划

科技创新无论是对国家还是企业、高校、科研机构等都是有益的。但是，国家和个体的侧重点则不完全相同，有时可能出现差异或甚至相冲突的一面。这表现在：①创新技术获取方式的差异。发展中国家的企业多倾向于直接从发达国家引进先进的、成熟的技术，以避免自主创新的投入高、周期长、盈利慢、风险大的不足，而不太考虑是否学到先进技术设备的生产制造技术及其技术推广或扩散，而国家则希望企业能够进行自主创新，以避免对国外技术设备的依赖，即使引进技术也更倾向于引进软件技术，并能消化、吸收再创新。②创新领域选择方面的差异。企业多倾向于选择最终消费品作为创新领域，这样，可以减少创新风险；而国家则希望企业选择产业关联度大的资本品作为创新领域，这样，有利于使用该资本品部门的整体技术水平的提高，但这样可能会增加企业风险。③创新活动时空范围的差异。企业在创新活动的时空范围上考虑相对比较狭小，注重短期市场需求，或者本地区的市场供求状况；而国家则要重视考虑长期市场变化，以及全国乃至全世界的市场供求变化。④创新效果评价的差异。企业较为注重经济效益指标的实现；而国家则要通盘考虑经济、民生、社会以及生态指标的改进。⑤创新成果产权保护程度的差异。在创新成果扩散阶段，企业则更希望对其创新成果产权进行保护；而国家则希望尽快实现创新成果的推广扩散。就理论而言，企业可依据专利法、商标法、知识产权保护条例等相关法律法规对其创新成果的知识产权进行保护，国家也可依法组织其他企业或个人通过正当程序有偿获得，从而使其能够迅速推广扩散。

由此可见，在科技创新活动中，国家与企业的目标并非完全一致。对于这一问题，既不能让企业不顾自己的商业利益而完全从国家的地位从事自主创新，也不能让国家放弃社会整体目标利益，而来迁就个别企业经济利益。而是通过制定适宜的科技创新战略规划，形成有机的官产学研的创新合作机制，使企业在追求自身经济利益最大化时，能够自觉、自愿地符合国家科技创新的整体目标。

通过政府的科技创新发展战略规划的引导，以市场需求为导向，以企业为主体，以高校和科研机构为依托，以社会中介服务为支撑，最终形成官产学研于一体的协作互动、持续稳定的科技创新合作机制。发挥企业、科研机构和高校在不同类型的科技创新及其科技创新不同阶段的重要作用，避免产学研脱节，否则，不但无法满足市场需求，而且科技创新成果也难以转化。因此，需要在政府的发展战略规划下，促使企业、科研机构与高校形成相互依存、相互促进、共同发展的官产学研的科技创新合作机制。政府做出战略发展规划引导，企业把科技创新成果推向市场，科研机构与高校进行科技创新研究，四者形成良性循环。官产学研的合作机制，不但可以使企业充分利用外部科技优势，突破限制，缩短科技创新周期，而且还可以提高科技创新效益，快速转化科技创新成果，减少盲目投入和重复开发。

2. 科技创新融资机制

科技创新的融资机制即科技创新的资金投入机制，既包括企业的科技创新的资金投入机制，又包括政府以及其他市场主体对科技创新的资金投入机制。科技创新的实现离不开资金投入，尤其是研发经费投入，需要大量的科技创新经费作为科技研发的保证。但是，由于科技创新的不同阶段以及不同类型的科技创新的性质决定了不可能只靠企业进行研发投入。因此，要想科技创新水平提高，就需要形成多元化、全方位的资金投入机制，充分利用各种融资手段，以保证科技创新对资金的需求。尤其是对部分应用研究和实验开发研究，企业应当成为研发经费投入的主体，而对于基础研究和重大高新技术则政府应该成为科技研发经费投入的主体。

除此之外，政府需要积极采用积极的财政金融政策，为企业融资、市场主体投资建立健全完善资本市场，以完善科技创新的风险分担机制。但是，由于创新意味着创造性破坏，需要打破固有的利益格局，不但需要投入大量的人力、财力和物力进行研发生产，而且还有承担失败的风险。由于科技创新的高风险性与不确定性，因此，需要政府加强信息引导、培育风险投资、实施风险补偿等建立起一个完善的多层次的资本市场，释放科技创新的市场风险。一方面要建立包括政府基金、民间资金、国际资本在内的多元化风险投资基金；另一方面要完善风险投资退出机制。这样，既有利于拓宽科技创新的融资来源，又有利于创新企业内部制度的完善，还有利于企业创新风险的分散，从而有利于创新的顺利实现。

3. 科技创新的政府采购、税收、补贴机制

由于科技创新的外部性，要解决这一问题，需要将科技创新的外部性内部化，通过政府采购扩大企业的市场需求，通过税收、补贴以降低企业的创新成本，刺激企业加大创新投入，以弥补私人与社会之间的创新收益差额。

政府在采购政策用品抑或办公用品时，可以对创新型企业生产的新产品或提供的新服务给予优先采购与扶持，这样，通过政府这只"看得见的手"调控市场这只"看不见的手"，以适当的制度安排，扩大市场对科技创新产品的有效需求拉动，降低创新风险，扩大创新收益，从而推动创新主体进行科技创新活动。

政府对科技研发的税收激励同样具有促进创新主体进行科技创新活动的作用。税收优惠可以降低企业等创新主体进行创新的成本，提高创新收益。并且与政府补贴相比，政府税收具有对市场干预少、可预见性高、政策灵活性强等特点，因此，典型创新型国家也多采用税收优惠的方式，实现对科技创新的有效激励。

同样，政府补贴也可以降低创新主体的创新成本，弥补企业等创新主体的科技创新成果所产生的社会收益及其私人收益之间的差额，

进而增加其创新收益,并且这也会使创新主体开展因收益过小而不会进行的科技创新活动。因此,政府补贴也是世界各国政府促进企业等创新主体进行创新活动的常用政策工具之一。

4. 科技创新的法制保护机制

市场经济属于法制经济。科技创新活动很大程度上属于市场经济活动的一个重要组成部分,因此,科技创新的实现也离不开法制保护。然而,不同产品生产者之间进行商品交换的前提是明晰产权的界定与市场规范的公平。但市场本身无法提供这一制度安排,必须通过政府有组织地提供制度供给。所以,政府除了要通过法律法规、条例以及政策的制定完善以加强创新的相关法制建设,还要严格维护创新活动的正常秩序,为科技创新的顺利实现提供根本保障。

在法制保护机制中,产权保护是其制度核心。对增进经济社会总福利的角度而言,科技创新无疑最终带来了经济社会福利的增加。因为一项创新在带来消费者剩余的同时,也给其他企业提供了与创新者共同分享获取利润的机会。然而,由于科技创新的外部性导致了企业率先创新的积极性大大降低。因此,政府需要做好相应的制度安排,以协调好各经济主体间关系、激励约束各利益集团的经济行为。产权是社会强制实施的对一种经济品的所有权、使用权与分配权。知识产权规定了创新者和创新成果间的产权关系。知识产权保护可以将企业在技术上的优势转化为以利润等经济变量为表征的收益,还可以让非创新者"搭便车"行为成本高昂,最大限度地将科技创新的外部性内部化,提高创新型企业在创新收益上的确定性预期。因此,健全的知识产权保护,不仅是创新成果所有者权益的重要保障,同时也是科技创新风险投资者防范风险的重要工具,有利于企业持续创新动力的保持。因此,政府应采取有力措施,积极完善知识产权保护机制。

完善科技创新的法制保护机制,还要为其提供公平的市场环境。市场需求是企业开发新产品、新服务或改进产品服务质量、种类的重要依据,为企业获取创新经济利润提供了强大动力;而市场竞争又是促进企业科技创新的主要外部压力。因此,为了增强科技创新动力与压力,需要营造良好完善的市场环境。所以,政府需要提供相应的制度安排，积极发展完善各类生产要素市场，建立完善统一开放、竞争有序的现代市场体系。政府既需要对创新者提供必要的保护，也要通过反垄断等方面的法律法规对垄断加以一定的限制，以保护消费者的利益并增进经济社会总福利。

5. 科技中介服务机制

科技创新具有系统性，是一个需要依靠多要素积极参与的系统工程。在该系统中，除企业的主体、政府的主导作用之外，科技创新服务机构项目同样起着不可或缺的重要作用。

科技中介服务机制，是企业、科研机构、银行等市场主体之间的重要连接纽带，可以在促进科技与经济有机结合的过程中发挥重要作用。完善的科技创新服务机构项目有助于科技创新的融资与科技创新成果的转化，可以有效地提高科技成果转化的速度、数量与质量。首先，要建立健全科技创新服务机构项目。包括：①为创新活动提供必要的场所、设备、咨询服务的项目机构，如高新科技园、企业孵化器等；②科技成果中介交易机构，包括技术市场、产权交易中心、技术成果交流中心等；③对科技成果修改完善的服务中心，如技术开发中心、工程技术研究中心等；④作为中立第三方出现，为交易双方提供协调、公证、监督、仲裁等服务的机构，如会计师事务所、律师事务所、公证处、审计事务所、资产评估机构等；⑤行业中的企业发展与监督机构，以加强对企业创新的自我约束和监督，如资产评定组织、行业协会等。其次，要完善科技创新服务项目机构的市场机制。上述科技创新服务机构的功能实现，必须充分发挥市场资源配置的基础性作用，以保证科技创新资源供给和需求，逐步实现科技创新组织网络化、功能社会化、服务产业化。①

6. 科技创新人才队伍建设机制

科技创新的创造性不仅需要大量的资金投入，更需要大批的优秀创新人才的参与，同时还要形成合理的人才层次梯队。高素质人才成为科技创新最稀缺的资源。因此，不但需要有良好的教育培训机制以

---

① 李兴文、刘国新：《自主创新的动力机制研究》，《当代经济管理》2007 年第 2 期。

培养优秀的科技创新人才，同时还需要有良好的人才激励机制，以吸引高素质的科技创新人才投入科技创新活动中，以发挥其特长，做到人尽其才。另外，还要形成良好的人才引进机制，实施人才竞争战略，包括对国外顶尖人才团队的引进。同时，还要建立完善的人才流动机制，形成人才合理流动，促进科技人才的有序流动，最大限度地发挥科技创新人才的创造性。在科技竞争如此激烈的今天，人才的流动必然会使国家的科技实力产生"马太效应"，好的更好，差的更差。

二 科技创新的发展规律

科技创新是一个多阶段的复合过程。在科技创新的不同阶段，需要不同的创新组织来承担其相应的创新功能。熊彼特在1912年的《经济发展理论》一书中把技术创新的发展过程分为发明、创新、推广和选择四个阶段。所谓"发明"就是指人们首次对一项理论、技术或产品的创造；"创新"是从发明到产品，同时在市场上销售的过程；"推广"就是把新产品销售给最终用户的市场行为；"选择"是客户对创新产品的选择行为。

我国许庆瑞教授把技术创新划分为确认机会、思想形成、问题求解、问题解决、生产开发和应用扩散六个阶段。"确认机会"就是认清社会市场的需求，并确信与技术有机结合的可能性；"思想形成"就是对确认的机会形成新的设计理念并对其进行科学评价；"问题求解"就是集中人力、财力和物力就形成的思想设计进行研发，寻求解决方案；"问题解决"就是对形成的思想设计求解成功，获得相应知识产权；"生产开发"就是进行批量生产的开发；"应用扩散"就是新技术的应用与扩散。[①]

吴强等从时间过程角度把创新分为"融资投资、科学研究、技术开发、技术扩散、生产制造和市场营销六个阶段。融资投资是科技创新的起点与前提条件；科学研究的基本功能是创造新技术；技术开发是创新成果的实验过程；技术扩散带来了新技术的广泛传播；生产制

---

① 许庆瑞：《研究、发展与技术创新管理》，高等教育出版社2002年版，第49—51页。

造意味着科技成果的物质化；市场营销则是以企业为主体的科技创新体系的落脚点和最终目标"。①

总之，科技创新的发展过程包含着从创新思想的形成到研发，到中试试验，到生产，再到市场营销的技术商品化实现的整个过程。

第三节 科技创新发生的制度基础

通过以上分析可知，活跃科技创新的出现需要形成有利于科技创新发生的机制，而这种机制形成的前提在于促进科技创新的制度基础的奠定。然而，不同类型的科技创新以及科技创新发展的不同阶段需要不同的制度基础。既要发挥市场对科技资源配置的基础性作用，又要发挥政府对科技创新的宏观调控的引导性作用，既要妥善处理好政府与市场之间的关系，还要避免科技创新的"市场失灵"与"政府失灵"。

一 科技创新中的政府有效边界及其工具

（一）科技创新中的政府有效边界

科技创新的不同类型及其发展的不同阶段决定了政府要发挥不同的作用。对于科技创新而言，哪些类型的科技创新需要发挥政府的作用？在科技创新的什么阶段需要发挥政府的作用？即科技创新中的政府的有效边界应该在何处？

1. 政府应该弥补科技创新中的"市场失灵"问题

由于科技创新的不同类型和科技创新发展的不同阶段，决定了"市场失灵"在科技创新中是存在的，同时也为政府的介入提供了理论与现实依据。政府弥补科技创新中的"市场失灵"主要体现在以下四个方面：

第一，政府提供科技创新中的公共产品，解决好科技创新的公共

---

① 吴强、严鸿和：《企业为主体技术创新体系的内涵及动力机制探析》，《科技管理研究》2002年第3期。

产品与私人产品多重性的内在矛盾。对于具有公共产品性质的科技创新，政府不但要提供直接的资金资助，而且还要组织进行；对于混合产品性质的科技创新，政府要进行有效的知识产权保护；对于私人产品性质的科技创新，政府要制定法律法规并严格执行，维护好市场秩序，为各技术创新主体的有序竞争创造良好、公平的外部环境，政府只需作为宏观调控者进行有效的监督，不能也不需要直接介入该领域。

根据以庇古（Pigou）、萨缪尔森（Samuelson）为代表的福利经济学家的观点，与市场相比，政府提供公共产品具有更高的效率。对于具有公共产品性质类型和阶段的科技创新，如基础研究创新和部分应用研究创新，由于其具有非排他性和非竞争性，那么，通过市场来提供是缺乏效率的。对于该类型的创新，由于边际成本为零，即只能以零价格进行生产提供，因此，政府直接投资提供该类型的公共产品比市场更有效率。政府通过对该类型科技创新的直接介入，不但可以增加科技知识的总量、多样性、多领域以增加科技替代选择，而且由于交易成本、信息不对称等问题，政府直接参与研发还可以使创新成果扩散速度快于企业研发。另外，还可实现社会利益最大化，避免重复投资。不仅如此，政府对涉及国家利益、经济社会效益巨大的研发应用的直接投资参与将更具有重大战略性意义和长远利益。

第二，政府弥补科技创新的外部性，解决好科技创新过程中的正负外部性矛盾。对于经济增长中的外部性问题，经济学家尽管从不同的角度进行了研究，但得出解决该问题的方式基本是一致的，即将外部性"内部化"。① 对于科技创新外部性导致的创新收益非独占性特点，政府一般采取提供知识产权保护，通过税收补贴、直接采购、促进合作创新等方式对其内部化。首先，要明晰产权制度，提供知识产权保护。产权清晰可以引导激励市场主体将外部性内在化。而知识产权则可以使技术创新的溢出效应通过政府法律在一定期限内的垄断授

---

① 如庇古从公共产品角度、奥尔森从集体行动角度、科斯从外部侵害角度、诺思从"搭便车"角度、博弈论从"囚徒困境"视角等就该问题进行了研究。

权将外部性内化于产权中。提供知识产权保护的核心是专利制度。其次，对于科技创新的不同的外部效应，政府要针对不同的情况，采取不同的措施。政府对于具有正外部性的科技创新要扩大需求。对能明确界定受益主体的准公共产品的供给，政府要完善税收与补贴政策，以形成适度竞争的供给格局；对于局部受益的公共产品，政府可采取直接投资和政府采购等，以促进技术创新的需求拉动。最后，促进各主体之间的合作创新。技术创新的溢出效应决定了创新主体不能独享创新收益而导致"市场失灵"，而企业间或产学研间的合作创新则可使创新的外部性有效内化，共享创新收益，共担创新风险。

第三，消除科技创新的不确定性，解决好科技创新的高收益与高风险的矛盾。由于科技创新存在技术、市场、收益乃至制度环境等方面的不确定性，这使创新在具有高收益的同时还具有技术、市场与收益等方面的高风险。因此，为了降低科技创新的不确定性导致的高风险，政府不但要投资科技基础设施以提高社会整体利益，同时还要诱导企业投资，推动建立技术创新的风险投资机制，或者通过直接投资，或者通过直接提供风险资本，或者通过财政刺激等方式来降低科技创新的高风险。

第四，解决好科技创新中竞争与合作的矛盾。政府在调动各创新主体的积极性中应该发挥主导作用，建立大学、研究机构和企业等官产学研的合作机制，促使多方的合作创新。

2. 政府应该避免科技创新中的"政府失灵"问题

所谓科技创新中的"政府失灵"就是政府在科技创新的实现过程中不能实现预期目标或自身低效或损害市场效率。政府在科技创新中弥补"市场失灵"的同时，还应避免"政府失灵"的问题。主要包括以下两个方面：

第一，避免政府在科技创新活动中的越位、缺位与错位。尤其是在技术创新活动中，企业是创新主体，政府应避免因越位、缺位与错位造成创新活动的扭曲。政府越位是指在科技创新中，政府代替市场配置资源，代替大学和研究机构进行基础知识研究，尤其是造成对私人部门进行科技创新的"替代效应""挤出效应"等。政府错位是指在科技创新中，政府制定的政策和行为不能有效地解决问题，导致科技目标无法实现、科研效率下降等。政府缺位是指在科技创新中，政府对"市场失灵"行政不作为。

第二，确立政府调控创新活动的制度框架与行为准则。政府不但不能破坏科技创新体系的整体功能，而且还要调控创新活动的制度机制，为科技创新主体营造良好的创新环境，促进创新的更好实现。

（二）政府促进科技创新实现的工具

通过上文分析，政府在科技创新中的有效边界是弥补科技创新中的"市场失灵"，同时克服"政府失灵"。因此，政府促进科技创新实现的政策工具的依据只能是有效地克服科技创新实现过程的"市场失灵"。结合科技创新中的"市场失灵"的三种情况，科技创新政策工具基本可分为以下三类：一是能有效克服科技创新公共产品性质的政策工具，包括研发部门的直接投资、税收、补贴等政策，以增加研发投入，促进基础研究的实现，增加科技知识的供给量；二是有效降低科技创新外部性的政策工具，包括知识产权保护、专利政策与反垄断等政策，以实现创新的收益与成本相一致；三是有效消除科技创新不确定性的政策工具，包括建立完善创新风险分担机制，降低创新者的风险，实现创新风险社会化，并促进创新扩散。

对于科技创新的"市场失灵"，政府选择的政策工具不同，其效应也不同。为最大限度地消除科技创新中的"市场失灵"，政府应针对不同的创新类型以及科技创新发展的不同阶段，合理地选择政策工具组合，以发挥其最大效用。

1. 政府直接投资科技创新研发

由于科技创新的基础研究与部分应用研究的公共产品性质，尽管直接从事研发的组织可实现高收益，但也需要独自进行高投入并承受高风险。并且一旦研发成功，直接从事研发的组织不能独享投资收益，因为马上就会有一批模仿者不必投资原始性研究承担投资风险而直接仿制新产品；相反，直接从事研发的组织却要独自承担投资风险。对于这种社会收益远高于私人收益的研发项目，政府应该直接投资资助。

格里利奇斯（Z. Griliches）等学者研究发现，私人投资研发产生的社会收益率高于私人收益率。[①] 另外，在基础研究与技术创新关系方面，曼斯菲尔德（E. Mansfield）通过分析学术研究与技术创新的定量关系对其做了开创性贡献，他的研究表明，新产品、新工艺对学术研究的依赖程度比以前提高了，学术研究对企业技术创新的贡献越来越大。[②]

一般而言，政府与民营研究机构、高校是进行科学知识、基础研究的中坚力量，而企业则主要从事应用研究与实验开发。通过以上分析可知，基础研究领域需要政府直接参与资助，加强基础研究的关键也是需要政府直接增加研发投入。另外，对于经济效益不高、社会效益巨大，或者风险过大、企业不愿意参与的高新技术项目，政府也要直接投资参与，如对国防科技、公害防治技术的研发，大规模设备的工业化试验的应用研发，产业技术的通用标准、试验方法与规则等方面的研究制定，政府特定产业政策的实施等。

2. 科技创新中的税收优惠

科技创新中的税收优惠是政府针对企业与其他部门的研发活动采取的财政激励工具。对于技术创新，税收激励相对于补贴而言，具有一定的优越性。经济合作与发展组织的研究表明：税收激励让私营部门有自己的决策权，对市场干预较少；涉及官僚层次与所需文件较少，可预见性强，也更稳定；具有工业反应的心理优势和高度的政治灵活性。除为企业营造良好的公平、竞争环境之外，税收优惠的影响面最广，有利于促进所有企业进行技术创新，属于普惠性政策工具。阿瑟·D. 利特尔（Arthur D. Little）通过对美国、德国的技术型新企业研究表明，政府的税收制度有效地促进了创新。事实上，税收激励调整的主要是企业创新的成本与收益的关系。一般而言，通过降低企业的创新成本而扩大企业的创新收益是有利于科技创新的。

[①] 1958 年，格里利奇斯在《科研成本与社会收益：杂交玉米及其相关创新》一文中首先测算了研发的经济收益。

[②] Mansfidel, Edwin et al., "Academic Research and Industrial Innovation", *Research Policy*, No. 20, 1991, pp. 1–12.

对促进科技创新税收优惠的政策工具设计应当遵循以下几个原则：首先要弥补科技创新的不确定性，补偿或降低科技创新的风险；其次是直接税收优惠与间接税收优惠结合，更多地运用以投资抵免、加计扣除、加速折旧、技术开发基金为主的间接优惠，以避免直接优惠的形式单一、针对性弱的不足；再次是要适度支持，以免破坏或限制市场机制的基础性作用，防止对企业技术创新投资的替代效应与挤出效应；最后是要把握对创新企业和科技人员税收优惠的结合、中央法律和地方税收优惠法律结合等原则。

3. 科技创新中的财政补贴

科技创新中的财政补贴与税收优惠一样，也是政府针对企业与其他部门的研发活动采取的财政激励措施工具。而研发补贴主要用于支付单个企业的研发活动，并成为政府促进技术创新活动最为常用的政策之一。美国国防部曾对电子工业进行补贴和政府采购，促进了该领域的新企业进入和技术创新；德国和法国分别补贴资助本国小企业把研发工作承包给大学和工业研究组织支出的30%和25%。政府还对创新过程的初期阶段进行补贴支持，如法国曾为从事研发活动企业的原型研制提供50%的补贴，以促进发明家或企业进行技术创新。

补贴的优点在于对于国家重大科技攻关项目能集中资助，并且在产品研发的初级阶段，国家就可以资助，有利于国家科技战略的实现。因此，对于处于基础研究阶段的科技创新项目，政府一般采取直接补贴资助，这样，不但直接，也更易于收到实效。

4. 科技创新中的政府采购

科技创新中的政府采购指的是政府或其代理人以消费者身份通过公开招标、公平竞争、直接付款、接受监督等程序，为自身消费或提供公共产品而采购科技创新产品、工程或服务等活动。政府通过对科技创新的采购，可以扩大对高新技术产品的市场需求，同时降低技术创新的市场风险与不确定性，增加了技术创新的可预见性，这是政府用"看得见的手"来调控市场需求这只"看不见的手"。通过上文的分析可知，扩大对科技创新产品服务的需求，有利于推动技术创新活动。

政府市场甚至在某种程度上充当了高新技术产品的试验场，可以促进企业转向新的生产领域，刺激高新技术产业的增长。需要指出的是，政府采购政策需要保持一致性，以避免增加企业的不确定性。

5. 科技创新中的知识产权等法律保护

由于技术创新存在溢出效应而导致"搭便车"问题，企业不能独占创新收益或者获得应有的收益补偿而缺乏积极性，进而创新受到抑制，因此，政府需要对私人性质的知识产权加以保护，以使创新者在一定时期能够独享技术创新的市场收益。并且随着知识经济时代的到来，知识产权获得充分和有效的保护，才能吸引更多的企业从事创新。

知识产权保护的核心制度是专利保护。首先，专利制度保护了发明者的创新独占权，可以使其获得更多的收益，这就为创新提供了动力和激励机制。其次，确定了创新活动共同的行为准则和制约机制，同时形成了创新收益的稳定预期。再次，专利制度可以让从事技术创新活动者通过专利检索获取专利信息，避免重复或低水平研究，有利于科技创新资源有效配置的实现。然而，尤其是转型国家，市场体系发育不健全，法律制度存在漏洞，科技创新成果不能得到有效保护。这就导致一些从事科技创新活动的企业没有动力申请专利，相反却采取垄断经营、贸易抑或技术壁垒等非正常竞争手段保护自己的科技创新成果。显然，这样很不利于创新成果的推广扩散。

6. 制定科技创新的战略规划

通过政府的科技创新发展战略规划的引导，以市场需求为导向，以企业为主体，以高校和科研机构为依托，以社会中介服务为支撑，最终形成官产学研于一体的协作互动、持续稳定的科技创新合作机制。官产学研的合作机制，不但可以使企业充分利用外部科技优势，突破限制，缩短科技创新周期，而且还可以提高科技创新效益，快速转化科技创新成果，减少盲目投入和重复开发。

二 科技创新中的市场作用及其机制

科技创新是与市场利润的实现紧密联系在一起的，企业利润只有在市场中才能实现。在整个科技创新的过程中，市场在整个科技资源配置中起着基础性作用，市场需求为科技创新产生发展提供了根本动力和内在压力。市场机制不仅为企业提供物质、融资、人才、信息以及技术更新，而且还可为企业增加新产品、新工艺，还可以提升产品或服务品质，缩减生产成本，提高经济效益。因此，合理的市场结构以及完善的产品、技术、资本、人才、信息等市场体系都是创新实现的必要条件。市场既是科技创新经济利润实现的诱因，为企业创新提供了强大动力，同时激烈的市场竞争也为企业进行创新提供了极大的压力。因此，在创新的实现过程中，应当发挥市场这只"看不见的手"的资源配置的基础性作用。企业是市场经济的主体，只有企业的参与技术创新才能最终实现。市场是科技创新的最终归宿，一国科技创新体系的建立离不开以市场为导向，围绕市场需求，促进官产学研的有机结合。

发挥市场对科技资源配置的基础性作用。这意味着要发挥市场的竞争机制、价格机制、供求机制、激励机制、风险机制等对科技资源配置的基础性作用，即发挥市场在产品、服务、融资、人才、技术、信息等生产要素领域配置的基础性作用。同时，完善的市场有助于资本市场的健全发展，可以为科技创新提供有效融资。

（一）市场需求拉动机制

市场需求为科技创新的实现提供了强有力的正向激励。企业创新利润正是通过市场实现的。因此，企业将根据市场需求的不断变化而持续不断地积极地开展科技创新活动。市场经济的重要特征就是通过市场对产品或服务的数量、种类以及质量的生产供给不断进行调节，使资源达到合理配置。如果企业一旦意识到一种全新的需求出现，那么将会迅速根据市场需求的不断变化而持续研发新产品或服务，提高产品或服务质量及其种类，增强产品或服务的市场适应力和竞争力，设法满足不断发展的市场需求，使企业在市场经济条件下不断发展。市场需求则会带来企业对新技术、新工艺、新装备、新产品或服务的需求。在获取创新利润的强大动力下，这种新的需求派生了企业对科技创新的强烈要求，为科技创新提供了方向和目标。市场需求对科技创新的拉动机理为：新的市场需求一旦出现但相应的市场供给并未出现，这样，市场供给不足，相应地，潜在产品或服务价格将会上升，因而潜在创新经济利润就会出现。这时，如有企业能率先创新并迅速抢占市场，则可获取市场先机，取得市场垄断地位。因此，创新型企业率先发展，这将使其他企业的生存直接受到威胁，这些企业被迫创新以获取生产和发展的空间，这样，带动整个社会科技创新水平的提高。由此可见，市场需求的不断出现为科技创新的实现提供了方向和目标，引领着全社会经济主体的创新行为。

(二) 市场竞争机制

市场竞争是市场经济的基本特征，也是促进科技创新实现的根本保证，它可以不断提高科技创新的速度，并加倍提升科技创新的能力。市场竞争主要包括在产品或服务、人才等方面的竞争。其中，产品或服务竞争主要包括国内外同类产品或服务的竞争、产品或服务功能以及质量的竞争和产品或服务价格的竞争。市场竞争的结果，一方面加速产品或服务的更新换代，不断推出新技术、新产品或新服务；另一方面又不断地提高加强产品或服务的实用功效；同时还要创新产品或服务要体现价格竞争优势。

上述这些竞争目标的顺利实现，都离不开科技含量的提升，通过创新以增强其竞争力。在激烈的市场竞争中，企业根据市场对产品或服务需求的反馈信息，确定未来发展方向和目标，并对产品或服务供给做出适时调整，提升其产品或服务的市场占有率与竞争力。新技术、新产品或服务一旦出现，这对所有相关企业而言，既是机遇又是挑战。领先创新者的成功不但会打破原有市场竞争及其利益分配格局，而且还会使相关企业原来的科技创新贬值甚至完全失去价值，进而在激烈的市场竞争中处于不利境地，甚至还会面临严峻的生存危机。激烈的市场竞争迫使保守落后的企业必须紧随率先创新者从事创新，以期望在现有的市场上分得一杯羹，否则只能是倒闭破产。即使没有创新市场竞争压力的企业，也会对竞争者时刻保持警惕，根据潜在的竞争对手的动态不断地进行创新，以保持在市场竞争中的主动地位。由此我们可以发现，良好有序的市场竞争机制，可以为企业带来持续不断的压力，不断地向企业提出创新的新的要求以及新的方向目标。市场竞争机制是科技创新实现的动力源泉，更是创新实现的根本保证。如果没有市场竞争压力的存在，企业也就不会有进行创新活动的动力。

（三）市场激励机制

市场激励机制是科技创新主体通过市场机制实现其获取经济利润的一种制度安排。就科技创新市场激励而言，对于创新活动市场形成了进行自组织机制。通过创新可以实现超额利润，对创新的实现具有一种正向的导向与激励功能。并且该激励是由市场对创新效果的验证来实现的，若创新的成果能够满足市场需求，那么创新主体则可从中获取丰厚的创新超额利润；反之，则会受到市场的惩罚。在计划经济下，由于缺乏利润激励和市场竞争，因此，从国有企业的主管部门一直到国有企业职工，尽管有责任为增加社会福利，更好地利用先进科技进行创新，但是，他们并没有动力去这么做。并且，在计划经济体制下，产品更新周期越长，对整个企业越有利，因为这样更易完成上级下达的任务。相反，企业如果进行科技创新，这不但要投入大量的人力、物力和财力，同时还要承担失败带来的诸多风险，然而，一旦科技创新取得成功，上级将会据此提高计划指标追加新的计划任务。这种"棘轮效应"使企业创新更容易陷入不利地位，这种负向激励的制度安排只能导致企业的创新惰性。

总之，市场是科技创新的根本导向，市场的完善与作用的发挥对科技创新有重大的推动作用。因此，活跃的商品服务市场，完善的资本市场、劳动力市场、技术市场、信息市场，以及充分发挥市场的供求机制、价格机制和竞争机制对科技资源配置起基础性作用，市场既能为科技创新提供物质、融资、人才、技术、信息，又能使科技创新者面临竞争压力，产生动力。否则，如果不能发挥市场对科技资源配置的基础性作用，或者市场体系发育不够完善而造成科技资源要素的扭曲，将不会出现活跃的科技创新，科技与经济将会脱节。

三 政府与市场的有机结合，促进活跃的科技创新

政府与市场是促进科技创新的两种重要力量，共同构成了科技创新的制度基础。在科技创新的实现过程中，市场要发挥基础性作用，

而政府要发挥推动引导作用。不同类型的科技创新决定了要实现活跃的科技创新就需要政府与市场发挥不同的作用，实现两种制度基础的有机结合。

政府不但要发挥政策激励作用，同时还要发挥规划引导和组织协调作用，促进科技创新成果的转化。尤其是随着全球科技经济一体化的发展，单靠市场中的企业已无法完成科技资源的优化配置，这使原来以企业为单一创新主体的模式发生改变，政府通过规划、财政政策、法律法规等经济政治手段推动科技创新的作用日益凸显。

第四节　本书分析框架

所谓体制，即是制度的具体实现形态，属于制度范畴。因而，科技体制也就是科技创新活动的制度安排，既包含着科技创新活动的制度基础，同时又包含在此基础上建立的科技创新组织与科技创新运行机制等。科技体制转型指的是在市场化经济转型过程中所引起的科技的制度基础以及科技创新组织、科技创新机制的变迁。

对一国的科技创新而言，如果我们不考虑其所处的制度环境，那将很难发现科技创新变化的原因，更难发现影响创新的关键因素。对于转型国家，科技创新的制度安排始终处于变化和演进过程中。市场化经济转型必然导致科技体制随之改变，无论是科技创新的制度基础还是科技创新组织、科技创新机制，都将发生变化，进而影响到科技创新的实现。

一　科技体制的制度变迁对科技创新的影响

（一）制度变迁的动力、条件及其方式

制度变迁之所以发生是由于制度非均衡，即在既定的制度安排和制度结构下无法获得潜在的利润，需要向另一种更能获得潜在利润的制度安排和制度结构变化。制度均衡体现了人们对既定的制度安排和制度结构的一种满意状态，无须对其改变。从供求关系来看，制度均衡就是制度供给适应并满足制度需求。然而，当出现新的获利机会时，即现行制度安排的净收益小于另一种可选的制度安排的潜在收益，也就产生了对新制度的潜在需求。然而，当实际制度供给不能满足这种潜在制度需求时，这就形成了制度非均衡。由此可见，制度均衡则属于理想化状态；相反，制度非均衡则表现为常态。制度非均衡中潜在利润的存在构成了制度变迁的诱致性动因，即制度变革的预期收益高于预期成本。制度非均衡的轨迹也就是制度变迁的轨迹。

但是，制度非均衡只是制度变迁的必要条件，制度非均衡并不必然引起制度变迁。制度变迁顺利实现的充分条件却是制度均衡。制度均衡是制度非均衡与制度均衡两者矛盾的有机统一。制度社会净收益决定了对制度的需求，而制度供给则由社会个别净收益决定。由于制度供给的社会净收益与个别净收益之间存在矛盾，因此，只有当社会净收益大于社会成本、个别收益大于个别成本同时出现，制度变革需求与供给才会同时出现。同时制度变革者还要有制度变革能力，才能实现制度非均衡向制度均衡的变迁。

就制度供给而言，诺思认为，制度供给的系列规则是由国家规定的正式约束、实施机制与社会认可的非正式约束共同构成。正式制度与非正式制度既有区别又有联系。就表现形式而言，非正式制度是无形的，存在于人们内心信念和社会风俗习惯之中，可以渗透到政治经济生活的各个方面发挥作用；而正式制度则是通过政策法规等条文的形式展现。就实施机制而言，非正式制度依靠内心的心理约束而非强制约束；正式制度则具有外在的强制约束机制。就形成与演变轨迹而言，非正式制度的变迁需要相当长的时间；正式制度的变迁可迅速完成。就制度的可移植性而言，由于非正式制度的传统根性和历史积淀则难以移植；而正式制度则容易移植，但作用的发挥却取决于与非正式制度的相容程度。

制度变迁存在强制性制度变迁和诱致性制度变迁两种方式。诱致性制度变迁是由于政府和微观经济主体对潜在利润的追求，以基层为改革主体，程序自下而上，具有增量调整的特性；而强制性制度变迁则是由国家在追求产出与租金最大化的目标下，以政府为主体，程序由上而下的存量变革。因此，强制性制度变迁具有推动力度大、制度出台时间短、效率低、"搭便车"、破坏性大等特点。对转型国家而言，制度安排和制度结构持续演进，并表现出相互关联性和多层次性，新的制度安排和制度结构的变迁既需要诱致性力量的促进，又需要强制性力量的推动。

就制度变迁的作用而言，改进制度效率，增加社会财富总量；改变权力与财富再分配。然而，制度变迁所产生的作用与制度变革主体、方式密切相关。诱致性制度变革与全部经济主体主动性变革由于几乎不改变权力和财富再分配而实现帕累托改进，因此，一般会因变革成本小而更加易于进行。部分经济主体主动性变革，一般既可提高制度效率，又可改变权力与财富再分配，这将加大改革成本。而强制性制度变革与政府主动性制度变革既可以兼具两个作用，又可单纯为了后者。当单纯为了后者，会使部分经济主体受益，而另一部分受损，受损者会阻挠改革，受益者也会因受益不同而发生矛盾，这都将加大制度变革成本。

（二）科技体制的制度变迁对科技创新的影响

科技体制的制度变迁影响着科技创新的实现，不同的制度安排对科技创新的影响也不尽相同。科技体制转型从根本上为科技创新提供了制度安排，以发挥其内在的促进经济增长、推动产业结构、贸易结构优化升级的作用。因为科技创新的制度安排界定了创新主体选择并获取科技创新资源的集合，确定了进行创新活动的基本规则，使创新主体明确了创新收益预期。尤其是科技体制转型通过调整创新活动的报酬系统，调整进行科技创新活动的创新成本与收益，进而为科技创新主体的创新活动提供有效激励，进而影响经济增长、产业结构和贸易结构。

1. 制度对科技创新影响的作用机制

制度对科技创新的作用机制是通过有效的制度安排使科技创新资源达到合理的配置，主要体现在以下三个方面：

首先，制度对科技创新的激励作用。科技创新的发生离不开私人收益率的提高。而科技制度确定了进行创新活动的基本规则，使创新主体明确了创新收益预期。如缺乏产权激励等有效的制度安排，尤其是技术创新，其私人收益多受市场规模的影响，并极易受到廉价模仿，那么这将严重影响到创新的实现。有效的制度安排将提高创新者的积极性。

其次，经济组织的变化及其完善对科技创新的促进作用。交易成本与科技创新密不可分。交易成本是创新成本的重要组成部分。随着社会经济的发展，更高的专业化和劳动分工将增加交易成本。组织的变迁将降低交易成本，这样，创新成本将会获得很大程度上的降低，而技术创新将降低生产成本，因此，组织变迁将最终扩大创新者的收益。

最后，有效的制度环境对科技创新的促进作用。科技创新依赖于资本积累和市场交易制度的逐步完善，包括自由、产权、有效法律保护，受约束的政府等，有效的制度环境可以对科技创新的实现进行有效激励。

除此之外，科技体制转型将有利于推动价值观念的更新、思维方式的转变以及社会经济多领域的调整变革，加深对市场经济以及科技创新的认识与把握，从而成为推动科技创新实现的重要因素。

2. 转型国家的制度变迁对科技创新的影响

在转型国家，科技体制的制度变迁影响着科技创新实现的动力机制、需求以及战略的改变。

首先，制度变迁影响科技创新实现的动力机制。在计划经济条件下，无论科研机构、高校还是企业，科技创新的动力都来自政府驱动。而转型国家由于市场化转型，市场机制引入，因此，市场也逐渐成为科技创新的重要驱动机制。由于与成熟的市场经济国家不同，转型国家的市场经济发展不完善，因此，科技创新动力既来自政府推动，又来自市场驱动，但是，科技创新的主要动力来自政府。

其次，制度变迁影响科技创新需求。在成熟的市场经济国家，多数科技创新由市场承担，政府主要从事高投资、强外部性的研发项目。而转型国家由于整体科技创新不活跃，政府几乎在所有领域承担领导角色。企业对科技研发投资远低于成熟的市场经济国家。这也说明转型国家政府通过扶持基础研究、建立公共研究机构、培养科技人才等对科技的供给相对超过实际需求，对科技的需求远没被激发起来。一般而言，政府很难在短期内刺激企业的技术需求，这需要逐步积累，再加上逐步完善的市场环境激励，技术创新才能被激活。因此，这也需要政府要持续投资研发，因为这是刺激企业投资研发、为技术创新营造良好的氛围、提高企业对创新收益预期的必要前提。除此之外，导致转型国家企业研发投资不足的一个重要原因是国内缺乏创新活力与机会导致的有效激励不足，即使不进行科技创新，企业仍可获得丰厚收益。转型国家对科技创新需求不足很容易导致在成熟市场经济国家中行之有效的政策而在转型国家难以获得同样的效果。因此，科技体制的制度安排的科技创新效果在很大程度上依赖于包括价格机制、市场结构、风险来源在内的既定的经济环境。

最后，制度变迁影响科技创新战略。就国家层面而言，可以将创新战略分为领先创新战略与追赶创新战略。领先创新战略是指以自主创新为主要形式的科技创新，适用于拥有雄厚的研发投入、研发能力以及竞争优势产业的国家，如美国。追赶型创新战略是指主要把模仿创新作为主要创新形式，包括引进、模仿、学习、改进等多方面内涵。追赶创新战略既体现了经济效益上的追赶，也体现了技术水平上的追赶，更加强调模仿的选择性和目的性。创新能力提高的标志在于消化，然后在其基础上改进，逐步实现自主创新。追赶创新与领先创新体现了国家竞争发展的不同阶段。就历史发展而言，美国、德国、日本等国尽管创新道路各异，但都遵循了从追赶创新战略走向领先创新战略的轨迹。因此，由于转型国家多受基础研究状况、研发资源、专利和技术管理水平等多方面的影响和制约，这决定了其创新发展战略必然为追赶型创新战略。

二 科技体制转型中的市场机制及其对科技创新的影响

转型国家的市场经济运行机制，既不同于传统的以计划和行政手段配置资源的计划经济运行机制，同时又有别于现有的市场经济国家的市场经济运行机制。它既遵循着社会化大生产和市场经济条件下主要由市场来配置资源的这一共同的运行规则和相应规律，同时，与现有市场经济国家相比，所建立起来的市场体系又不完善。与传统的计划经济体制相比，市场经济各主体之间依法平等自由交易，各经济主体之间的联系通过市场机制实现，政府对于其他市场经济主体不再是直接的行政干预，而是以市场为基础进行间接的调控。与现有的市场经济国家相比，由于受传统的计划经济体制惯性约束，市场经济运行仍保留有明显的行政干预。

在转型国家，由于市场经济发育不完善，市场经济则难以完全通过如第二章第三节论述的竞争机制、价格机制、供给机制、激励机制、风险机制等对科技资源配置发挥基础性作用。另外，市场中介组织成长软弱乏力。各市场经济主体开始独立进行经济活动，相互间的关系由计划经济时期的行政协调向市场经济的竞争与合作方向发展。因此，在转型过程中，市场发育状况也就决定了转型国家会出现多种类型的科技创新，同时技术创新难以积极发生，并且这一现象难以在短期内完全改变。

三 科技体制转型中的政府作用及其对科技创新的影响

对于转型国家而言，一方面，面临着科技创新的"市场失灵"；另一方面，由于处于市场化转型过程中，市场体系发育不完善。这就决定了政府既要通过合理的制度安排来弥补科技创新的"市场失灵"，又要通过制度创新弥补因市场发育不完善导致的对科技创新的有效激励不足，优化创新环境，促进科技创新活动。在整个经济体制转型过程中，政府既可以创造制度需求，又可以提供制度供给，并自发形成制度安排，尤其是正式的制度安排。

因此，政府除在第二章第三节提到的通过政府直接投资部分研发、税收优惠、财政补贴、政府采购、知识产权等法律保护、制定战略规划等政府工具来弥补公共物品、外部性、不确定性、竞争与合作矛盾等科技创新中的"市场失灵"之外，还要通过合理的制度设计和制度安排，实现因市场不完善对科技创新的有效激励。因此，为促进科技创新的实现，政府的特殊职能还包括促进市场发育，发展风险投资，培育资本市场；实施产业政策，促进产业结构高级化等。

由于转型国家不能为技术创新的实现提供完善的市场经济基础，因此，技术创新的主要动力很大程度上来自政府推动。如果政府能充分弥补科技创新中的"市场失灵",同时通过制度安排,有效弥补市场不完善的不足,避免政府在科技创新中的越位、缺位与错位,为科技创新的顺利实现提供有效的制度激励和必要条件,扩大科技创新的收益,这有利于科技创新的实现;否则,将不利于科技创新的实现。然而,转型经济中的这种政府驱动型模式对技术创新将会产生两个结果:一是容易导致企业创新的积极性不足;二是容易导致技术创新脱离市场需求,违背技术发展的趋势和规律。

第三章 俄罗斯科技体制转型的基本逻辑、简要历程与特征

第一节 俄罗斯科技体制转型的基本逻辑

与发达国家相对成熟的科技体制不同,俄罗斯的科技体制的转型是在整个国家由原来的计划经济体制向市场经济体制转型约束下进行的。在俄罗斯市场化经济转型过程中,其科技体制的转型遵循了促进科技经济一体化、科教结合、军民两用技术结合的基本逻辑。

一 促进科技与经济的结合

苏联计划经济体制对科技创新产生了一定的激励,可以让国家在短期内迅速调集有限资源,从事基础研究和重大或紧急项目研究,使苏联的很多尖端科技发展达到世界领先水平。但是,这种基础研究或国防科技等类型的科技创新由于多数被封锁在军工国防领域,并没有真正促进经济的发展。相反,苏联的经济发展更多的是依靠重数量轻质量、重速度轻效益的粗放型发展模式来实现的,更偏向于对资源的依赖,经济对科技成果需求程度低。这种经济制度与经济发展模式导致科技与经济发展的结合程度很低。

同时,苏联自上而下的垂直管理体制对科技创新的正常发展起到了很大的阻碍作用,科研机构和企业的绩效评估都是以计划的完成情况作为标准,主管机关也只是据此对科研机构和企业进行赏罚。在这种情况下,科研机构和企业由于没有独立的经济利益激励,很难产生通过科技创新增加经济利润的内在需求。这种情况导致的结果就是,

既不利于科技的发展，又不利于经济增长。

俄罗斯在彻底抛弃计划经济体制转而确立市场经济体制后，经济非但没有快速增长，反而急剧下滑。截至1996年，俄罗斯国内生产总值下降了50%。俄罗斯政府认识到，在激进式市场化经济转型下形成的自由放任资本主义对俄罗斯并不完全适用，反而孕育着对威权主义的强烈需求。普京上台之后，对俄罗斯经济体制进行调整，抛弃了自由放任经济政策，走上了可控式发展道路，经济开始恢复性增长。

随着世界经济全球化和俄罗斯经济体制改革，俄罗斯政府越来越认识到，科技是社会经济发展的关键因素。在发达国家，科技进步对经济增长的贡献率一般达70%—85%。事实上，对于一国经济发展，与自然资源相比，科技的作用则更大、更有可持续性。科学创新也只有和经济产生互动时，才具有更强大的生命力，缺乏科技创新支撑的经济繁荣不具有可持续性。俄罗斯为了使科技创新和经济结合，成为经济增长的驱动力，对科技政策进行不断的调整。1995年10月，俄联邦政府颁布《关于组建科研生产中心的决定》。1996年6月13日发布《俄罗斯科学发展方略》，提出，"科学是国家的重要财富"，"科学发展水平在很大程度上决定经济发展水平"。为促进科技发展，《俄罗斯科学发展方略》要求遵循"创造条件，广泛使用科技新成果"等原则。

1996年8月23日，俄罗斯制定了《科学与国家科技政策联邦法》（以下简称《科技法》），《科技法》为自俄罗斯独立后出台的首部科技法律。《科技法》将科技政策目标确定为"提升科技对经济增长的贡献，提高经济效率与产品竞争力"等。根据1998年5月19日第453号决议，俄罗斯政府制定了《俄罗斯1998—2000年科学改革构想》，指出，要将科技变成社会经济增长的杠杆、保证国家的安全。1998年7月22日，俄罗斯总统签署《关于将科技活动成果和科技领域知识产权项目引入经济活动中的国家政策命令》。

为了促进科技与经济的发展，尤其是加强科学、技术与工业的结合，2000年5月，俄罗斯科技主管部门由"俄联邦科技部"更名为"俄联邦工业科技部"，要将科技发展与工业经济发展紧密地结合在一起。

2002年3月30日，普京批准了《俄罗斯2010年前及未来科技发展的政策基础》，首次将科技发展列为国家优先发展方向，指出，要构建国家创新系统，提升科研成果的利用率，让科技成为促进经济增长的主要动力，并"使科技活动适应市场经济，保证国家、私人资金互动"。

2005年8月5日，俄罗斯政府批准了第2473号文件《俄联邦2010年前发展国家创新系统政策基本方向》，这既是指导进行国家创新系统建设的基本纲领，又是建设国家创新系统的中期规划。该文件指出，必须促进科技成果商品化，开发高新技术，加强科学、教育与生产积极互动，提升经济竞争力，构建国家支持智力活动成果的商品化体制。

2006年3月10日，俄罗斯政府批准了《在俄联邦组建高新技术园计划》，以实现普京关于"将专业领域的高新技术转化成推动经济增长的主要动力；利用高新科技促进其他相关部门的发展；提升科技领域投资吸引力；扩大国外投资规模"的要求。2006年，俄罗斯政府又颁布了俄罗斯科学院制定的《俄罗斯2015年前科学与创新发展战略》，提出，要提高创新积极性以及科研成果的利用率，到2011年，进行技术创新的企业数量要达15%，2016年达20%；并增加工业品中创新产品所占比重，2011年达到15%，2016年达到18%；同时，2011年工业品出口中创新产品要达12%，2016年达到15%。2009年2月，俄罗斯总统签署《关于修改有关国家拨款科研和教育机构成立科研成果产业化实体问题的相关法令》。该法律实际上是俄罗斯的科技商业法，旨在推动国家科研院所和大学开发的大量科技成果产业化。

随着俄罗斯科技与经济生产关系的加强，同时孕育出产学研相互合作的新形式，高校和科学院所成立研究机构，并形成了高校与企业签订相应协议培养专门专家的思想。其产学研一体化的类型主要有科技创新中心、产学研综合体或产学研联合体、科教中心或创新科技咨询中心和工程技术中心四种。随着俄罗斯逐步对世界经济体系的融入，越来越要求产学研的密切合作，以促进经济发展，适应市场经济的需要。

二 促进科技与教育结合

科学与教育结合，有助于科技创新人才的培养，同时也可以让科研与教学相互渗透、相互影响，尤其是高等教育发展更需要与高校科研的结合。然而，在十月革命胜利之初，由于一流的科研人员对刚成立的苏维埃政权持不同情态度，苏维埃政府担心该情绪会对年轻人产生不良影响，于是让从事高深学术研究的研究所单独存在，而把大学只是当作群众教育场所。[①]

尤为重要的是，政府急于解决眼前遇到的科技攻关难题，为了让科研人员有充足的时间和精力投入到这些项目上，也希望将科研与教学分离。因此，形成了苏联科研和教学相互分隔的状态，教育和科学呈现专业化和部门分割的特征。在20世纪30年代之后，尽管科学院不少院士在高校任教，高校也创办了实验室，同时在科学院也创建了研究生培养制度，然而，科研与教学之间的距离并未因此而拉近，而且分隔之程度远高于发达经济体。这种科教彼此分离的制度在斯大林时期尤甚，直至苏联解体也变化不大。

"俄罗斯科教一体化"是俄罗斯在市场化经济转型以后为发展科学与教育事业所确定并遵循的重要逻辑之一，构成了俄罗斯科技体制改革的重要指导思想，对于保证俄罗斯高校的竞争力有着特殊意义。高校和产业部门科研机构培养的科学家的质量直接决定了俄罗斯未来科学成就水平及其应用潜力。1996年6月13日，颁布《俄罗斯科学发展方略》，首次将科学发展置于尤为重要的位置，提出，"加强科学与教育互动，完善科技人才培养制度，培育科技竞争环境，扶持科技创新活动"。同日，俄罗斯政府发布《关于国家支持高等教育与基础科学一体化计划》。1996年8月23日，俄罗斯政府又颁布《科技法》，《科技法》是俄罗斯转型以来出台的首部科技法，以法律的形

[①] 事实上，在20世纪20年代苏联群众教育运动加速进行时，政府开始时倾向于把科研与教学的工作结合起来，并认为不关心培养新一代科研人员是沙皇时期科学的不良特征。

式确定"要加强科学和教育的相互联系"。之后,俄罗斯政府颁布的《1997—2000年国家支持高等教育与科学一体化纲要》对科教一体化思想进一步加强。

科教一体化思想在普京时期被进一步贯彻执行。2001年9月5日,俄罗斯政府发布《俄罗斯2002—2006年科教一体化纲要》,该纲要涉及教育部、工业科技部、科学院等机构,主要目的在于培育科技与人才潜力,促使科学、教育与创新机构,共同培养高水平科研人才。

2002年3月30日,普京总统批准了《俄联邦2010年前及未来科技发展纲要》,首次把发展国家科技列为国家优先发展方向,建构国家创新体系,提高使用科研成果效率,并再次指出,促使科学教育一体化。

俄罗斯科教一体化的一项重大举措是2004年3月9日将"俄罗斯工业科技部"撤并为"俄罗斯教育科技部",部长由富尔先科担任。由此可见,俄罗斯在转型时期努力寻找科学与教育的结合点,实现科学与教育的一体化。同时,在2004年新修订的《科技法》中,进一步重申科教一体化的重要性。

俄罗斯政府颁布《俄罗斯至2010年以前发展创新政策的主要方向》,明确指出:"发展基础科学和教育,加强国防。"为此,必须解决的一个重要问题是,加强科学、教育、生产的有效互动,提高经济的竞争力。2007年11月30日,普京在俄罗斯科学院举行的俄总统科学、技术和教育委员会会议时指出:"基础科学是整个科技创新系统中的关键环节,是实现国家经济现代化的前提条件。基础科学的发展直接取决于科技、教育与生产的有机结合。"

科教一体化这一指导思想对于俄罗斯科学教育创新发展具有特别重要的意义,可以壮大科研团队,防止人才流失,提升高层次人才培养水平,优化科研科教人才队伍,提高科研成果数量与质量,使经济发展向高层次结构过渡;同时,使其积极参与国际竞争合作,能在世界科研团体中富有竞争力。

三 促进军民两用技术的结合

苏联成立之后,着力发展工业,尤其是重工业和军事工业,在较短的时间内就建立起重工业和军事工业基础,这使苏联很快就成为继美国之后的世界第二大经济军事大国。苏联由国家集中控制并计划调配一切资源,优先发展重工业与军事工业,其中,军事工业以及与军事工业相关的产业占整个工业企业产值的 60% 以上。苏联时期的军事化导向不仅极大地制约了国家对发展民用科技的投入,而且使本可军民共用的科技成果也被封锁在军工部门,影响了科技成果的社会化及其进一步扩散,严重阻碍了科技创新的进一步发展。

军事化导向严重制约了民用科技的发展。国防军事的巨额支出极大地制约了政府对民用科技的投入,而对发展科技的有限投入的绝大部分又相继流入与军事科研相关的部门。根据西方估计,苏联近 80% 的科研经费被用于军事,严重制约了民用科技的研发。因此,大批科研成果被封闭在军事领域,部分科研成果转化为民用成果也要耗费巨大的转移成本。这都导致了苏联科研投资经济效益的低水平。

同时,苏联与美国的军备竞赛耗费了其巨大的人力、物力和财力,严重阻碍了苏联科技成果的扩散。第二次世界大战以后,苏联推行赶超美国,进而与美国争霸的战略,通过压制农业、排挤轻工业发展的办法,倾全力优先发展国防军事技术和军工企业以及重工业,"其经济发展带有浓厚的准军事型性质,这正好与第三次科技革命带有浓厚军事色彩的特征相符合"。[①] 当然,苏联在力争成为军事大国的同时,也带动了如航空航天、机械制造等重工业、军事工业的科技创新发展。这种科技创新体制具有浓厚的军事特色,尽管这种军事化在一定程度上刺激了苏联经济增长,但是,因军事科技多涉及国家安全,因而其成果扩散也就不可避免地受到很大程度的制约,因此,苏联科技创新主要面向的是极其有限的军用市场。而任何形式的科技创新如若缺乏广阔的市场,那将很难实现其真正意义上的价值。军事科技成果如不能被成功转向民用,必将大材小用,失去在经济领域的推

---

① 李建中:《第四次科技革命与苏联解体》,《江苏行政学院学报》2001 年第 1 期。

广机会。

在1986年苏共第27次代表大会的政治报告中，尽管戈尔巴乔夫强调经济政策的基本方向是以科技进步为基础，重振国民经济，指出，军工产业民用化。但其在1989年11月出席全苏学生代表大会时不得不承认，这些植根于斯大林主义"自上而下的命令与管理"的错误极大地阻碍了苏联科技进步。总之，苏联在战略指导思想上过度重视军事工业、重工业的发展，忽视对民用科技的投入及其经济领域的配套建设，未能形成以国防科技带动民用工业的良性循环。

俄罗斯经济转型以来，开始逐步采取措施，加强军用两用技术的结合。为促进军民两用技术的结合，俄罗斯逐步颁布相关的法律政策。1993年3月20日，俄罗斯颁布国防工业军转民方面的法律；1995—1997年出台军转民方案；1998年5月19日发布《俄罗斯1998—2000年科学改革构想》。该构想明确提出，要整合军用、民用科研组织，开发双重用途的技术。2001年通过了《俄联邦2010年前国防工业体发展的政策基础》以及《2001—2006年俄联邦国防工业体改革和发展专项纲要》，这两个文件明确强调，要使军民两用技术相互转化，扩展其使用范围。

第二节 俄罗斯科技体制转型的简要历程

苏联的科技体制很大程度上促进了基础科学和高新技术领域的发展，充分保证了科技进步，但也极大地阻碍了其他领域的科技进步。伴随着市场化经济转型，俄罗斯科技体制经历了1992—1996年的危机动荡时期、1996—2002年的缓解调整时期和2002年至今的转折完善时期三个阶段的转型。

一 俄罗斯科技体制的危机动荡时期

苏联解体后，俄罗斯开始向市场经济转型，这一强制性制度变迁带来了严重的社会动荡、持续的经济危机，再加上科技体制的市场化政策使已经制定的科技战略几乎无法执行，科技领域出现了严重危机和混乱。

这种科技危机的出现有一系列的诱发因素。其主要包括：政治、经济以及意识形态领域的改革形成了不完善的市场经济框架基础，引发持续的经济危机，通货膨胀，生产下滑；政局的不稳定，导致了出台包括科技政策在内的消极的生产销售战略战术决定；科研预算严重不足，研发经费较往年严重下滑，如苏联的研发投入占 GDP 比重在 1990 年为 2.03%，1991 年为 1.43%，而转型以来，1992 年急剧下降到 0.74%[①]，最高的年份 2003 年也不过是 1.28%，而典型创新型国家的研发投入占 GDP 比重一般都在 2%—3%，俄罗斯研发投入占 GDP 比重更远远低于 1980 年苏联曾创下的最高水平 4.82%；[②] 科研人员待遇过低，工资严重下降，大量科研人员陷入贫困状态，严重影响科学声誉；苏联的解体直接导致了科学统一管理机构——科学院联盟的解散，科技研发创新网络遭受破坏；企业由于受到进口产品激烈竞争的影响，国内市场萎缩，科研成果需求减少，创新动力不足，导致产品创新不强、缺少竞争力等。

这种急剧的市场化经济转型带来了俄罗斯的科技危机。这主要表现在研发投入锐减，由于资金的匮乏，俄罗斯科研人员的待遇过低，科研设备老化；科研组织遭受破坏、科技人才严重流失等，造成了科技创新的严重下滑。

为了摆脱科技危机状态，保护国家科技潜力，俄罗斯政府发布了首批与科技领域相关的政策法规，主要包括：颁布《俄联邦保护和发展科技潜力紧急措施》，建立"俄罗斯基础科学基金（RFFR）"（1992 年 4 月 27 日）；颁布《对俄罗斯科学家给予物质支持的措施》（1993 年 9 月 16 日）；发布《国家支持科学发展和科技开发》（1995 年 4 月 17 日）；颁布《俄罗斯科学发展方略》（1996 年 6 月 13 日）等。这为俄罗斯科技创新创建竞争、透明的科技环境并融入科技全球化奠定了一

---

① http://stats.oecd.org/Index.aspx.
② ［日］科学技术厅计划局：《科学技术数据统计手册》，王彬方译，机械工业出版社 1987 年版，第 156—181 页。

定的基础。

尽管这些法规政策带有一定的强制性，俄罗斯政府也启动了一些结构性改革，但是，由于没有触及科技体制的根本要害，政府仍陷入官僚主义体制之中，也没有得到政府财政的实际支持，因而并没有发挥应有的作用。俄罗斯科技水平整体下降趋势没有得到有效抑制。

二　俄罗斯科技体制的缓解调整时期

1996年8月23日颁布《科技法》，《科技法》被称为俄罗斯科技领域的"宪法"，是俄罗斯首部关于科学和国家科技政策的联邦法。从此以后，俄罗斯将从苏联时期的对科技领域的直接实施指令性计划的行政管理到市场经济下的放任自流，再过渡到市场经济条件下的依法管理。之后每两年修订一次，规定对科技的投入不低于联邦预算的4%。接着，俄罗斯又颁布了《关于科技和政府的科技政策》（1996年9月3日）、《俄联邦关于加强国家支持科学的紧急条例》（1997年5月7日）、《1998—2000年俄罗斯科学改革构想》（1998年5月19日）、《2002—2006年俄科学教育一体化计划纲要》（2001年9月5日）等相关政策法规。2000年5月将原有的经济部、科技部和国家安全委员会部分机构联合成立新的科技行政管理机构——联邦工业科技部。

在此期间，俄罗斯政府逐步调整科研组织机构，为科技创新提供税收等优惠政策，创建促进科技创新的相关机构项目，并对小型创新企业和风险投资提供适度支持。由于俄罗斯在科技领域采取了相关措施，这也使俄罗斯科技从危机动荡过渡到市场经济条件下的科技法制化阶段。尽管俄罗斯仍呈现出科技潜力继续下降趋势，科研人员数量和结构持续恶化，但比危机动荡阶段速度有所减缓并开始趋于平稳。

另外，出现科研了人员老龄化趋势并在继续。科技领域也出现商业化，许多科研人员转向经商，承办小企业或从事其他行业的工作。俄罗斯国家财政无力支持研发，各种基金也不可能解决科研所需要的所有物质和财政问题，但对科技潜力的保护仍发挥了巨大的作用。科研人员既在公司企业兼职，同时又保持了科学院编制，这种方式也有效地抑制了科技人才的外流。

同时，科研机构的组织形式和经费来源也发生了变化。一些科研院所成立小企业或创新公司的附属机构，而其又拥有比母体更多的经济独立性。许多专业研究所和大学在科研机构中创办小企业。这有利于吸引人才，实现科技创新。

三　俄罗斯科技体制的转折完善时期

2002年年初，俄罗斯科技创新政策的制定成为联邦政府关注的焦点。2002年3月30日，俄罗斯政府颁布《俄联邦2010年前及更长期科技发展政策原则》，指出，要依靠科技振兴，走创新型发展道路。俄罗斯首次将发展科技列为国家优先发展方向，构建国家创新系统，提升科研成果的利用率。2003年3月，开始实施创建国家创新系统计划；2004年3月9日，俄罗斯解散原有的联邦工业科技部和教育部，成立联邦教育科技部；2005年8月5日，俄罗斯政府批准了《俄联邦2010年前发展国家创新系统政策基本方向》，这既是指导进行国家创新系统建设的基本纲领，又是俄罗斯建设国家创新系统的中期规划。2006年，俄罗斯政府颁布《俄联邦2015年前科学与创新发展战略》；2008年7月28日，俄罗斯政府通过《2009—2013年创新俄罗斯科研与科学教育人才联邦专项规划》；2010年12月31日，俄罗斯经济发展部公布了《创新发展战略草案》；2011年10月25日，《俄联邦2020年前创新发展战略》新版本出台，该文件对2020年俄罗斯经济发展的目标、路径、方式等做了较为明确的规划，并进一步提高了俄罗斯国家创新行动预期。之后，俄罗斯又颁布了《俄罗斯联邦基础学科研究长期规划（2013—2020年）》《2013—2020年国家科学院基础科研规划》《俄联邦2014—2020年科技综合体优先领域研发专项计划》。2014年1月，俄罗斯又批准了《俄联邦至2030年科技发展长期预测》，提出了启动"国家技术倡议计划"。俄罗斯通过一系列的政策法规对科技体制进行了调整和重组，初步建立起国家创新体系，同时，也为俄罗斯的科技创新营造了较好的环境，科研实力得到了一定的恢复与发展。科研资金投入开始逐步增加。

第三节 俄罗斯科技体制转型的特征

在苏联时期,科技体制不仅保障了基础科学在内的所有研究领域的发展,而且也充分保证了科学进步。科研学者数量众多,号称百万科研大军,国家预算资金充足,使苏联成为科学最发达的国家之一。苏联的科技体制体现了如下特点:单一计划经济的科技资源配置模式,高集权性,拥有确定的科学规划与高额的科研预算;科技与教育、经济几乎是分离的,科研机构独立于高校与企业;军事化导向,科研成果有2/3用于军事目的,仅有10%—12%是纯基础科学研究;科学职业权威性;封闭性,除了经互会,与国外科学界基本是隔离的;科技领域意识形态化和泛政治化等。

转型以来,俄罗斯的科技体制转型呈现出了新的特征:科技资源配置方式不再是单一的政府计划配置,市场机制被引入科技领域,实现了政府与市场相结合的、以政府为主的科技资源配置方式;科技与经济、科学与教育、军民两用技术开始逐步结合,在一定程度上促进了科技创新的实现;官产学研之间合作创新较转型前趋于紧密;与国外科技创新活动联系加强;科技创新意识逐步加强等。

一 确立政府与市场相结合的科技创新制度基础

在苏联时期,科技创新活动的制度基础就是单一的高度集中的计划经济体制。科技发展的一切重大问题均由苏共中央决定,以计划代替市场,以行政命令代替各科技创新组织的自主选择。这造成了科技资源配置的严重扭曲,人为地割裂与市场的联系。因此,这种对科技资源配置的单一指令性计划经济模式只能是造成科技创新缺乏活力,效率低下,最终随俄罗斯的市场化转型而结束。

俄罗斯转型以后,经过私有化、自由化、稳定化的市场经济体制改革,国家计划对社会资源配置的全面垄断被打破。这为包括科技资源在内的整个社会资源的市场配置提供了制度基础。经济领域的市场化改革同样被引入科技领域。科研经费的分配也引入了竞争机制,通过基础科学基金（RFFR）、人文社科基金（RHSF）、促进科技小企业发展基金等国有基金来进行管理。并且俄罗斯对部分科技机构也进行了私有化，打破了科技领域的公有性和计划性，不同经济属性的科研组织形式出现，为科技创新奠定了市场制度基础。

俄罗斯政府在科技创新中发挥了主导作用。初期的市场化经济转型带来了俄罗斯严重的科技创新危机。俄罗斯根据科技形势的发展，发挥了政府在科技创新中的主导作用。俄罗斯政府通过制定并实施一系列法律法规和规划，创建完善科技创新基础设施，建立完善科技成果产业化的国家支持系统，加大政府对科技创新的奖励，这使俄罗斯国家创新系统得以初步确立。俄罗斯科技与经济、科学与教育、军民两用技术开始逐步结合，并在一定程度上促进了科技创新的实现。

俄罗斯为本国科技创新确立了政府计划与市场相结合的既不同于苏联时期的计划经济模式也不同于西方市场经济模式的制度基础。这样，科技创新的实现不但有国有科研机构、高校、企业的参与，而且民营科技创新组织也参与进来。科技创新活动不再是以行政命令的方式完成，而是通过国家的调控引导，强调公平竞争，从而达到资源配置优化的目的，进而有助于科技创新活动动力的提升。但是，由于俄罗斯市场经济制度不完善、政府制度安排有效激励不足等多种因素制约，俄罗斯并未出现活跃的科技创新。

二　新的科技创新组织逐步创建

科技创新组织是科技体制的载体。科技创新组织的转型影响甚至决定着科技运行机制的转型。俄罗斯自转型以来，其科技组织体系发生了很大变化。俄罗斯由政府全能型科技体制逐步向政府主导型科技体制转变。

随着科技形势的发展，俄罗斯新的科技管理组织不断出现，如成立了俄罗斯科技政策部（1993年2月至1996年8月）、俄罗斯国家科技委员会（1996年8月至1997年3月）、俄罗斯科技部（1997年3月至2000年5月）、工业科技部（2000年5月至2004年3月）、教育科技部（2004年3月至今）等归口管理组织，另外还成立了科技领域最高执行机构——俄罗斯联邦政府科技政策委员会（1995年2月至今)、最高决策机构——俄罗斯联邦总统科技政策委员会（1995年3月至今）。同时，为了实现国家对科技创新活动的资助管理，还成立了基础科学基金（1992年4月至今）、人文社科基金（1994年9月至今）、促进科技小企业发展基金（1994年2月至今）等基金组织。

在俄罗斯市场化经济转型过程中，原来的国有科研机构纷纷改组改制，部分科研机构被私有化，其中包括国防科研机构，另外也有科研机构被转化为公私合营机构。这样，科研机构的所有制形式从原来的单一国有制逐步过渡为国有制占主导、多种所有制并存的局面。同时，随着俄罗斯对科技创新组织的改革，不少科研人员离开原来所在的研究室或实验室，组建私人的科技实体。随着直接面向市场的新的科研机构逐步创建，多种所有制形式的科研机构呈现多元化发展趋势。

为促进科技创新发展，俄罗斯鼓励科研院所和高校开办科技创新型企业。俄罗斯也通过技术创新中心等科技创新机构项目创建科技创新企业，这使俄罗斯科技创新企业获得了较大程度的发展。并且俄罗斯政府也逐步向有创新计划的企业提供援助，为科技创新企业提供各种政策优惠，完善立法保护，积极支持科技型小企业积极进行创新活动。

三 形成以政府为主导的科技创新运行机制

随着俄罗斯对科技创新组织的调整，俄罗斯科技创新的运行机制发生了较大变化。在科技体制的市场化转型过程中，市场竞争机制开始成为科技创新实现的运行基础。俄罗斯对于科研活动的资助，实行竞争机制；通过专利制度，明确科技成果的产权归属，实现了科技成果的商品化；科技创新活动从原来依靠计划行政手段实施开始转变为依靠市场机制导向和驱动，企业开始成以市场经济为主体、多种所有制形式的科技实体逐步发展；具有较强研发能力的企业实行自主研发，高校、政府科研机构和企业联系加强，产学研之间的合作创新较转型前趋于紧密；同时，科技创新服务体系的逐步完善也构成了市场机制发挥的媒介。总之，俄罗斯科技创新实现的市场驱动力逐渐增强。

然而，俄罗斯的转型经济性质及其经济发展阶段决定了俄罗斯科技创新运行机制更多地体现了政府主导的特征。俄罗斯在完善包括远景战略规划、多元融资机制、政府财政政策、立法保护、创新机构项目以及人才队伍建设在内的科技创新运行机制，都体现了俄罗斯政府在科技创新中的主导作用。在政府的主导之下，俄罗斯制定了科技创新的长期预测以及不同时期的战略规划，加强了政府对科技创新的宏观调控；加强政府对科技创新的资助，培育风险投资基金，引进国外科技投资基金，形成了以政府为主导的科技创新的多元融资机制；不断完善包括政府采购、税收、补贴的科技创新优惠机制；加强对科技创新的知识产权保护以及其他法制保护机制；逐步创建完善科学城、国家科学中心、技术创新中心、经济特区、科技园、企业孵化器、设备共用中心、斯科尔科沃项目、科技平台等促进科技创新机构项目；完善科技创新人才队伍建设机制，逐步实现科技创新人才的回流，加强对科技创新人才的培养和逐步实现去老龄化。

第四章　俄罗斯科技体制的制度变迁及其对科技创新的影响

第一节　市场机制的引进及其对科技创新的影响

一　市场竞争机制的引进

苏联解体后，俄罗斯采取了"休克疗法"，实现强制性制度变迁。随着市场经济的迅速引入，俄罗斯政府对资源的全面垄断被完全打破，市场化经济转型完全改变了科技领域的原有生存状态，市场经济的运行机制被引入科技体制，为科技创新提供了新的制度基础。

（一）政府垄断在科研中初步退出

在苏联时期，由于当时采取的是高度集中的计划经济体制，因此，在科技领域，对于科研的管理也是计划集中管理，科技体制具有中央集权式管理的特征，对于优先发展项目资助的决定也是具有纯管理性的。这样，各部、各组织之间由于缺乏竞争，所以缺乏效率。

俄罗斯抱着对市场万能的幻想，同时，也由于长期的政治经济的双重危机，转型初期，俄罗斯几乎将科技领域完全推向了市场，通过引进项目管理和市场机制，打破政府垄断。俄罗斯对科技领域的预算拨款急剧减少。据统计，1992年，按不变价格计算，俄罗斯投入的科研经费下降了71%，而在1992年之后，一直到1996年，科研经费投入基本在0.7%—0.9%。其间，尽管俄罗斯出台了一些措施，但多停留于书面文件，缺少对科技领域实际的财力支持。

(二）市场机制进入科技领域

首先，科研经费分配引入竞争机制。在科技领域，市场竞争在科研经费投入方式中有着明显的体现，通过公开竞标的方式，将科研项目承包。转型初期，激进的市场化经济转型对俄罗斯的科技领域带来了严重冲击。为了挽救俄罗斯科技事业，俄罗斯成立了基础科学基金和人文社科基金两大基金，后来又成立了促进科技小企业发展基金等基金，这些基金的运行充分体现了市场竞争机制。

俄罗斯基础科学基金是 1992 年 4 月设立的，总统任命富尔托夫院士为基金会主席。该基金属于非商业性的国家基金，但不隶属于任何部门，是一个完全独立、自主管理的机构。经费来自国家预算，也接受捐助。资助对象为数学、物理学、化学、信息科学等基础性学科。基础科学基金运行有以下原则：①参与的公开性。所有参与竞争者均有权知晓基金相关法律文件与评审结果。②拨款的针对性。其资助对象是有前景的科研团体或个人项目，而非一定是大科研组织，基金来源于每年国家民用科技科研预算拨款的 3%，现在已经提高到 6%。2008 年，俄罗斯对该基金的预算投入 66 亿卢布（约为 2.2 亿美元）。③活动的独立性。尽管该基金由国家创建，基金会主席也由总统直接任命，但对基金活动并不干预，使其活动保持独立性。

俄罗斯人文社科基金是 1994 年 9 月 8 日设立的。该基金与基础科学基金同属于自主管理的非商业性组织，可以自主选择人文社科研究项目。该基金通过竞争遴选所需支持项目，建立职业化审查机制，由 400 余名资深学者对申请项目进行评估。上述两基金的成立避免了俄罗斯科技的彻底崩溃。

同时，为了促进中小企业的科技创新，实现自有知识产权科技成果的产业化，俄罗斯于 1994 年 2 月 3 日设立了科技小企业发展基金。① 基金来源于每年国家民用科技科研预算拨款的 0.5%，1996 年

---

① 该基金的设立为借鉴美国小公司创新计划（SBIR）和法国国家中小企业创新发展署（ANVAR）的相关经验。其特点是对小企业自身项目提供必要资助，而不是对小企业的发展提供泛泛的支持。

提高到1%，2002年以来又提高到1.5%。2010年，该基金获得政府投入增加到24亿卢布（约为8000万美元）。该基金在俄罗斯的51个地区设有代办处，截至2010年1月1日，该基金共收到1.8万多项申请，其中获得支持的有6500多项，大部分来自俄罗斯，极少部分来自独联体国家。该基金向其提供贷款，贷款贴现率不超过中央银行贴现率的一半。该基金资助的企业已开发出3500多项专利和发明，生产产品价值60亿卢布，是政府资助总额的1.8倍。

这种国家资助的竞争机制使许多科研人员拥有了留在科研领域的理由。同时，在科研人员的支持之下，这种资助竞争机制也逐步得以简化，并形成法规。基金支持了数千项各领域的科研项目，帮助俄罗斯学者出版了数百万册书籍，对科技潜力的保护发挥了巨大作用，促进了俄罗斯科学与世界科学一体化。但也有61%的被调查者认为，科学基金仅能从局部上起到促进和保护科学发展的功能。

其次，科技领域的私有化。1994年，俄罗斯颁布了《科研组织机构私有化条例》，科研机构被分为禁止私有化、改组为预算拨款、改组为国家参股的开放型股份公司三类科研单位。到1998年，俄罗斯已有323家私营研究机构和736家股份制研究机构。科技领域的公有性和计划性完全被打破。

然而，俄罗斯在科技领域的私有化，或者导致了科研专业特性的改变，或者仅仅对科研机构实行简单的财产私有化，进而从根本上导致国家科技潜力的丧失。当商业性机构拥有已私有化科技企业的控股权时，将会改变科研院所的专业性质和结构，购买者感兴趣的是由于科研机构拥有完备的科技、生产装备与试验企业，这样，无须大量投入就可进行产品的批量生产，而并不在意保存国家科技潜力以及生产科技产品。

二 对科技创新的影响

（一）俄罗斯科技创新人才的流失

俄罗斯的"休克疗法"让俄罗斯彻底抛弃了计划经济体制，确立了市场经济体制框架。但经济并未快速增长，反而急剧下滑。到1996年，俄罗斯的国内生产总值竟下降50%。经济急剧下滑给科技发展带来了极为不利的影响。科学预算骤减,人才流失极其严重。"1990—2002年,从事科研科开发工作的人员总数减少了一半,人才崩溃最严重的是1990—1994年"①,造成了俄罗斯持续创新能力严重萎缩,尤其在叶利钦时期,其程度远超过任何一个国家的任何时期,成为至今仍难以完全解决的困扰俄罗斯科技创新发展的难题。表4-1显示,每百万人中从事研发的研究人员和技术人员数几乎年年下降。

表4-1　俄罗斯科技体制转型中的科技创新相关指标

年份	研发投入（千亿卢布）不变价格	研发投入占GDP比重（%）	每百万人中从事研发的研究人员（人）	每百万人中从事研发的技术人员（人）	科技论文发表数量（篇）	居民专利申请（件）	非居民专利申请（件）	高新技术产品出口占制成品出口比重（%）	高新技术产品出口（现价亿美元）
1992	4.42	0.74	—	—	—	39494	11850	—	—
1993	4.20	0.77	—	—	—	28503	3974	—	—
1994	4.01	0.84	—	—	—	21250	4495	—	—
1995	3.89	0.85	—	—	—	17551	6893	—	—
1996	4.28	0.97	3796	655	—	18014	7980	9.67	22.29
1997	4.69	1.05	3603	602	—	15106	8123	9.34	18.91
1998	4.02	0.95	3342	567	—	16454	8299	11.98	24.69
1999	4.50	1.00	3383	548	—	19900	7944	12.34	22.77
2000	5.20	1.05	3459	570	—	23377	8960	16.07	39.08
2001	6.14	1.18	3469	575	—	24777	9313	14.04	32.50
2002	6.82	1.25	3388	574	—	23712	9596	19.16	46.64
2003	7.55	1.29	3372	557	32330	24969	9901	18.98	55.01
2004	7.21	1.15	3316	552	32150	22985	7205	12.93	52.54
2005	7.14	1.07	3235	517	33092	23644	8609	8.44	38.20
2006	7.72	1.07	3240	518	29369	27884	9807	7.78	38.66
2007	8.77	1.12	3276	512	30320	27505	11934	6.88	41.09

① 普京:《俄罗斯国家科技政策中的人才问题——普京2004年2月17日在俄联邦科学与高新技术委员会会议上的发言》,《俄罗斯中亚东欧研究》2004年第4期。

续表

年份	研发投入（千亿卢布）不变价格	研发投入占GDP比重（%）	每百万人中从事研发的研究人员（人）	每百万人中从事研发的技术人员（人）	科技论文发表数量（篇）	居民专利申请（件）	非居民专利申请（件）	高新技术产品出口占制成品出口比重（%）	高新技术产品出口（现价亿美元）
2008	8.57	1.04	3153	487	31854	27712	14137	6.48	50.71
2009	9.50	1.25	3090	475	32620	25598	12966	9.23	45.27
2010	8.97	1.13	3087	475	33961	28722	13778	9.07	50.75
2011	8.53	1.02	3125	492	36157	26495	14919	7.97	54.43
2012	9.10	1.05	3094	478	36253	28701	15510	8.38	70.95
2013	9.35	1.06	3073	487	39715	28765	16149	10.01	86.56
2014	9.69	1.09	3102	501	44995	24072	16236	11.45	98.43
2015	9.76	1.13	3131	489	53061	29269	16248	13.76	96.77
2016	—	—	—	—	59134	26795	14792	10.72	66.40
2017	—	—	—	—	—	—	—	—	—

资料来源：http://data.worldbank.org/indicator。

俄罗斯的市场化经济转型带来了严重的通货膨胀，卢布剧烈贬值，这使科学家工资的购买力急剧降低。1985—1990年，苏联的官方汇率基本上为1美元等于0.6卢布。1993年汇率为高于1:5000，使科研人员39645卢布的工资竟不到50美元。到20世纪90年代中期，科研人员报酬低于全国平均水平的30%。

与发达国家相比，俄罗斯科研人员报酬要低25倍。转型初期，对于俄罗斯科学家，有10%的人认为处于贫困，50%的人认为仅能购买最基本的生活用品，仅8%的人认为需兼职才有剩余。社会调查表明，20%的人认为科学劳动正在严重贬值且不被尊重，12%的人认为科教领域的商品化对其带来了极大的危害。

然而，科研人员的流失并非按照优胜劣汰的原则，而是科技领域的中坚力量选择离开。20世纪90年代，有70%—80%的数学家、60%的生物学家以及50%的物理学家先后选择离开科技领域。以莫斯科国立大学为例，20%的教授和知名教师离开了俄罗斯。在自然科学领域内，有超过50%的人员选择到国外，而在剩余人员有相当一部分与国外有合作协议。"早在1993年，经济合作与发展组织的专家就俄罗斯的科学政策的制定曾经建议，以俄罗斯现有经济所能承受的能力，科研人员的数量要减少2/3，剩下30万人。该建议当时曾引起俄罗斯科学界的猛烈批评。但随着后来形势的进一步发展，这种意见被越发证明有其根据。"①

由于大量的年轻人员离开科技领域，俄罗斯科技人才的老龄化趋势逐步呈现。截至2004年2月，俄罗斯科研人员的平均年龄为49岁，其中，博士平均年龄为61岁，在副博士平均年龄为53岁。

（二）科研组织结构危机

俄罗斯转型以前，其科研以大科研机构为主，并且这些科研机构独立于企业或高校。"1993年年底，有500多家科研机构被私有化，其中包括国防科研机构。1997年，有253家科研机构完全私有化，有824家科研机构成为公私合营机构，600多家国防科研机构中有277家变成股份制机构。从事研发的高等院校的数量从1990年的453所下降到1996年的423所，到1997年，研发仅仅在俄罗斯一半的科研机构进行。"②

从事科研的机构数量也在下降。"1990年从事科学研究的机构是4600多家，而在2001年减少到4000家。"③

（三）科技创新的急剧下降

市场化经济转型对市场竞争全面的引进，导致了俄罗斯科技人才的流失，并使俄罗斯的科技创新能力降低。如表4-1所示，居民专利申请从1992年的39494件减少到1997年的15106件，是创转型以来的历史最低水平。俄罗斯的科技论文发表量总体也呈下降趋势，2006年减少到29369篇。高新技术产品出口占制成品出口比重2008

---

① 宋兆杰：《苏联—俄罗斯科学技术兴衰的制度根源探析》，博士学位论文，大连理工大学，2008年。
② 同上。
③ 胡小平：《俄罗斯难以走上创新型发展道路》，《科技管理研究》2010年第11期。

年曾一度降低到6.48%。这严重影响到俄罗斯经济的复苏，给俄罗斯带来了严重的经济损失。"20世纪70年代的联合国统计资料表明，美国培养一个大学生约需要30万美元，而培养一个高水平专业人才，则需要100万美元。在最近10年，莫斯科物理技术研究所约有1500名专家流失到国外。按培养一个高水平专家需100万美元计算，该所有15亿美元流失到国外。"① 根据欧洲教育理事会评估，俄罗斯每年因人才流失造成近500亿美元的损失。

同时，这也加剧了俄罗斯与其科技人才流入国之间科技实力的马太效应。科技人才流失造成的损失不能只用金钱衡量，一国科技人才如不能在本国从事科研，必将到他国继续从事科研。其首选也是科研条件更好的发达国家，这更加大了本国与发达国家的科技创新水平的差距，使发达国家的科技创新实力更高，而本国相应能力变得更低。

在转型之前，科研成果直接上缴国家，由国家直接组织生产。在转型之后，尤其政府的突然退出，而俄罗斯市场经济发展又不完善，科技成果如何转化为生产力成为其科技创新发展中的关键但又薄弱的环节，极大地抑制了科技创新的实现。

（四）提供了科技创新运行的市场机制

伴随着市场化急剧转型，俄罗斯将自由化、私有化迅速引入科技领域，在给俄罗斯的科技创新带来危机的同时，但随着市场机制的引入在一定程度上又促进了部分科研成果转化为商品。转型之后，一些原来从事基础研究的科研人员去从事应用研发，俄罗斯的许多科研机构都成立了自己的附属公司，或者鼓励雇员成立公司，就是为了方便将自己的科研成果转化为商品。同时，这种附属小企业又可及时了解市场信息，利用先进的方法和技术应对市场变化，有着应用性科技创新实现的基本条件。

---

① 宋兆杰、曾晓娟：《简述俄罗斯科学领域现状》，《科技管理研究》2012年第17期。

第二节 政府与市场手段的结合及其对科技创新的影响

一 政府与市场手段的结合

随着科技形势发展的严重恶化,俄罗斯政府不再被动地采取几乎放任自流完全撤出的方式,而是积极地介入科技领域,运用政府与市场的双重手段来促进科技领域的复苏。

(一)政府在科技创新中再介入

俄罗斯政府在科技领域再次介入主要表现在:对科技创新营造良好的环境氛围和保证,加强对科技创新的宏观调控与引导,创建国家创新体系。

第一,为了营造良好的创新氛围,俄罗斯政府相继制定并实施一系列法律法规和预测规划,如《俄联邦和国家科技政策法》《关于创新活动和国家创新政策法》《俄联邦2010年前及未来国家科技发展基本政策》《俄联邦2015年前科学与创新发展战略》等。同时也实施了很多计划纲要加以引导,如《1998—2000年俄联邦创新政策纲要和实施计划》《2002—2006年俄联邦科学与高教一体化专项纲要》《2002—2006年俄联邦优先发展方向研发专项纲要》和《2002—2006年俄联邦国家科技平台》等重大科技规划陆续颁布实施。

第二,俄罗斯政府积极建立完善科技创新基础设施。主要措施有建立并完善科技创新机构项目,包括科学城、国家科学中心、技术创新中心、经济特区、科技园、企业孵化器、设备共用中心、斯科尔科沃项目、科技平台等;发展支持科技创新活动的融资系统,包括国家资助、国内风险投资、国外基金等;建立包括对创新活动参与者互动的信息支持系统;支持创新型中小企业创建和发展等。

第三,俄罗斯逐步建立完善科技成果产业化的国家支持系统。对地区、部门和跨部门的各种专项计划进行协调,集中预算内外的资金对科技创新活动进行资助;对地区和高新技术产业部门落实科技优先发展方向以及关键技术产业所遇到的问题给予综合解决；完善科技创新活动的科研院所、高校、企业等参与者之间的互动机制，以便促进新知识、新技术推广应用于生产。

第四，为促进科技创新，俄罗斯政府逐步加大对科技创新的奖励。1994年3月，俄总统签署了《俄联邦国家奖励条例》，这是国家奖励的基本法律基础。俄罗斯设立最高荣誉奖为总统奖（国家奖）。另外，根据《俄罗斯科学院奖励条例》设有共131项奖励，并且是采取公开竞争的方式进行。专业学会奖，如全球能源奖奖金原来为75万美元，自2006年起提高到110万美元。俄罗斯科技奖励体现了尊重科学知识、公开透明、层次分明等特点。科技奖励极大地刺激了科研人员的科技荣誉感，有助于科技创新的实现。

因此，俄罗斯国家创新系统得以逐步创建，主要表现在：促进科技与经济的有机结合，促进基础研究向应用和实验开发转化，实现科技成果推广，促进科研院所、高校和企业的合作创新，制定科技创新发展的远景战略规划，培育有利于科技创新发展的资本市场，实现科技创新的多元融资机制，完善政府对科技创新财政激励和知识产权等立法，积极发展创新体系的基础设施，培养创新活动的组织管理人才等，从而基本确立了俄罗斯的国家创新体系。

（二）市场机制逐步完善

随着俄罗斯科技体制转型的深入，俄罗斯通过政府的力量对市场机制进行完善。斯科尔科沃中心、科技平台等公私合作模式的推进进一步促进了俄罗斯市场机制的完善。根据2010年4月9日俄罗斯政府第220号决议，在高校创建了80个实验室，目标是形成一种有利的竞争环境。2010—2012年可获得1.5亿卢布的科研补贴。对于优秀的科研人员，无论是国内的还是已经移居国外的，抑或国外科学家都可参与竞争。参与竞争的评估标准是对过去的科研成就进行评价，包括运用赫希指数[①]等

[①] 赫希指数是试图衡量科学家或学者发表作品的影响力和生产力的指数。该指数是由加州大学圣迭亚戈分校的物理学家豪尔赫·赫希（Jorge E. Hirsch）建议作为确定研究者相对研究成果质量，有时也被称为H指数。

正式指标来评估。

俄罗斯政府与市场有机结合还体现在科研经费来源的多元化。俄罗斯逐步建立起国家预算拨款、银行贷款、基金资助、社会捐助和单位自筹相结合的多元化科技投入机制。另外，针对科技创新活动的各种风险投资也相继出现并逐步扩大。不但有国内的风险投资资金，而且也有来自国外的风险投资资金。为帮助俄罗斯高新技术产业分担部分金融风险，俄罗斯专门成立了出口信贷和投资机构。

俄罗斯政府的再私有化政策的推行将提高企业的市场竞争，消除垄断，巩固经济结构的多样化，到时国有企业比重将减少1/3，仅2010年进行私有化的企业数量就多达449家，总额达到180亿卢布。这将为科技创新的实现进一步提供动力支持与压力推动。2011年5月4日，俄罗斯经济发展部制定了《2011—2013年大型国有企业私有化年度规划》。这将进一步增加市场的产权基础，有利于促进企业的市场竞争，企业要想在激烈的市场竞争中生存并获取利润，就要进行科技创新。

二 政府与市场的结合缓解了科技创新危机

就理论而言，俄罗斯政府对科技领域的再次介入以及市场机制的进一步完善，为俄罗斯活跃科技创新的出现奠定了制度基础，创建了国家创新体系，这有利于各种类型科技创新的出现。

事实上，这也使俄罗斯的科技创新危机得以有效缓解。如表4-1科技创新指标所示，俄罗斯的居民专利申请量自1997年达到历史最低点15106件，之后几乎逐年增加，2015年达到29269件；科技论文自2007年的30320篇开始增加，2016年达59134篇，呈现递增趋势。这至少表达了一个信号，俄罗斯政府再介入采取的措施起到了一定的积极作用，在某种程度上促进了科技创新的发展。

第三节 科技与经济的结合及其对科技创新的影响

一 科技与经济的结合

科技体制制度安排的关键是将科技智力活动成果作为非物质产品

纳入经济循环之中，使经济活动充分利用科研成果。新科技管理组织的成立有利于保证科技与经济的紧密结合。俄罗斯政府科技委员会于1995年2月成立，其主要任务就是为科技发展创造良好条件，保护开发科技潜力，促进科技成果转化，探索科技与市场经济相结合的改革道路。1998年7月22日，俄罗斯总统签署了《关于将科技活动成果和科技领域知识产权项目引入经济活动中的国家政策命令》。同时，俄罗斯将原来的科技部与工业部重组，于2000年5月成立了俄罗斯工业科技部，以加强科技与工业发展的结合，促进科技与经济发展的有机结合。

（一）确定科技优先发展方向

为促进科技与经济的有机结合，俄罗斯确定了科技发展的优先方向。科技发展的优先方向是由俄罗斯总统科技政策委员会、政府科技政策委员会、总统科学与高新技术顾问委员会同相关部门确定的。优先方向选择具有为现代高新技术方向、能使生产发生革命性变化等标准。这样，确保了科技研发能与经济紧密结合，同时保证科技的实用性以及竞争力。

俄罗斯政府1996年7月颁布了《国家科技发展优先方向的"7+1计划"》，其中，7个优先方向为生产工艺、交通、信息技术和电子、燃料和能源、新材料和化工产品、生命科学、生态和自然资源的合理利用。除此7项外，1为基础研究，包括从数学到艺术学的18个方向。为了优先发展上述方向，俄罗斯政府于1996年11月颁布了《俄联邦1996—2000年民用科技优先发展方向研发专项计划》。

进入21世纪之后，俄罗斯政府结合国内外经济科技发展要求，对其科技优先发展方向进行了调整。2001年8月21日，俄罗斯政府批准修正实施的《2002—2006年俄联邦科技优先发展方向研发专项计划》，这是一项发展创新经济的跨部门重大计划。该计划涉及10个重点科研方向：燃料与能源、物理学研究、新材料与化学制品、社会经济技术、生命系统技术、科学仪器、先进制造技术、信息技术与电子学、交通运输、生态与自然资源合理利用。其目的在于"巩固、提高俄罗斯经济竞争力，在提高各类组织对新措施和先进工艺的积极性、敏感性基础上，发展和利用俄联邦科技潜力，包括发展国家综合创新系统"。该计划明显体现了以科技支撑经济发展的战略。2002年3月30日，俄联邦颁布了《俄联邦2010年及未来国家科技发展基本政策》，首次把发展科技列为国家优先发展方向，强调要构建国家创新体系，提高科研成果的使用效率。该文件确定了包括航空与航天技术、节能技术、信息通信技术与电子、新型武器及军用和特种技术、新材料与化学工艺、制造技术与工艺、新型运输技术、生态与自然资源利用以及生命系统技术9个领域的科技优先发展方向。

2006年10月17日，俄罗斯政府批准了《2007—2012年俄联邦科技优先发展方向研发专项计划》。该计划的目的在于促进科技优先方向的快速发展，实现对俄罗斯赶超战略的科技支撑。2010年5月，经济现代化与技术发展委员会批准了包括能源效率、核技术、宇航、医疗、信息在内的5个方向的38个项目和建设斯科尔科沃创新中心的预算表。2011年7月7日，梅德韦杰夫签署总统令，确定今后几年俄科技优先发展的8个领域以及27项关键技术清单，被列入科技优先发展方向的包括安全与打击恐怖主义、纳米技术产业、信息通信技术、生活科学、远景武器、军事与特种设备种类、自然资源合理利用、交通运输与航天系统、能源效率与节能以及核能技术。

（二）制定关键技术产业的创新发展战略

为促进科技创新，俄罗斯在2002年3月30日颁布的《俄联邦2010年及未来国家科技发展基本政策》确定的9个优先发展方向的基础上确定了50多项国家级关键技术清单。自2005年以来，俄罗斯在确保"长期占据国际能源领域主要、稳定地位"的同时，对加工工业和高科技发展加大了扶持力度，引导经济结构优化调整，推动资源经济向创新经济转型。俄罗斯明确将现代能源、通信、航天、飞机制造和知识服务等俄罗斯传统强势领域确定为优先方向，以实现经济结构的优化。在国家确定的9个领域中，俄罗斯相继制定并出台了《2015年前俄航空工业发展战略》《2006—2015年俄航天计划》《2006—2015年俄生物技术发展计划》《2025年前俄电子工业发展战略》《2008—2010年俄纳米技术发展纲要》《2020年前俄制药发展战略》《2010年前俄汽车工业发展构想》《2015年前化学和石油化工发展战略》《2009—2016年俄发展民用船舶制造业专项计划》《2015年前俄冶金发展战略》《2007—2010年及2015年前俄交通机械制造业发展战略》等若干重要关键技术产业的创新发展战略。这些创新发展战略一起构成了俄罗斯整体创新战略的框架体系。① 2011年7月7日，梅德韦杰夫签署总统令，确定今后几年俄科技优先发展的8个领域以及27项关键技术清单。关键技术产业的创新发展战略构成了俄罗斯通过科技创新促进产业结构调整和经济增长方式转变的重要前提和基础。

（三）进一步促进企业创新

转型之后的俄罗斯，随着经济的逐步恢复以及政局的稳定，开始有能力扶持企业的创新发展。为促进创新企业的发展，俄罗斯加强对科技创新的研发投入，2003年，俄罗斯研发经费投入占GDP的1.28%，远高于转型初期1992年0.74%的水平。尽管与美国、日本、欧盟等典型创新型国家的2%—3%有显著差距，但是，总体上看，俄罗斯的科技研发投入是增加的。

与此同时，俄罗斯政府也通过法律、税收、知识产权保护等机制努力为企业的发展创造环境，加强企业创新。改善企业经营环境是确保经济高速发展最有效的途径。② 2003年11月，俄罗斯政府首次颁布年度"冲刺纲领"，政府对小企业实施招标基础上的"三年资助计划"。自2004年起，政府在纲领范围内每年资助约400个此类创新方案，同时又推出"智者纲领"，对年龄在28岁以下的小型创新企业经营者予以20万卢布资助。同时，通过专家对企业主管加强培训。

为促进科技与经济的结合，俄罗斯不但创办新的商业学校，而且政府鼓励高校创建很多创新型小企业。2004年前后，高校就创建了1500家创新小企业。2009年9月，梅德韦杰夫签署法律再次赋予科研院所

---

① 威文海：《俄罗斯关键技术产业的创新发展战略评价》，《俄罗斯中亚东欧市场》2010年第4期。

② 2011年梅德韦杰夫国情咨文。

和高校开办创新型企业的权力。"下一步,将只向那些在提高效率和实施高科技项目方面有明确计划的企业提供援助。"① 尽管金融危机对小企业的负面影响仍然存在,但小企业的活力效率却在回升。2010 年,俄罗斯小企业除了数量、就业人数的增长为负值外,营业额和固定资产投资分别增长 16.4% 和 2.2%。莫斯科小企业营业额增长了 55%。

二 科技与经济的结合对科技创新的影响

就理论而言,科技与经济的结合,有助于多种类型技术创新的实现,可以将科学创新转化为发明专利,然后使发明专利进入到中试生产,再到批量生产,再到市场营销的技术商品化,再到技术创新扩散实现模仿创新等实现科技与经济的结合。

俄罗斯为促进科技与经济的结合,颁布了诸多政策法规,采取了很多措施,尽管起到了一定的作用,但是,科技与经济的脱节仍未从根本上改变。俄罗斯仅有 5% 的企业使用最新科学成果,而发达国家达到 80%—87%。并且俄罗斯的技术扩散远低于技术创新,如表 4 - 2 所示。俄罗斯的技术创新能力排名高于其他指标的排名,这说明俄罗斯虽具备技术创新能力,但没有将其转化为生产力。

表 4 - 2　　俄罗斯科技创新及扩散相关指标(2017 年)

项目	得分	排名
技术创新能力	4.2	65
科研机构素质	4.4	41
企业研发费用	3.5	54
产学研合作	3.9	42
政府采购高新技术产品	3.4	63
科学家和工程师有效性	4.3	50
PCT 专利申请/百万人	7.8	46
最新技术可用性	4.4	84
企业级技术吸收	4.4	72
外国直接投资和技术转移	3.7	109

资料来源:"The Global Competitiveness Report 2017 - 2018", 2017 *World Economic Forum*。

---

① 2009 年梅德韦杰夫国情咨文。

第四节 科技与教育的结合及其对科技创新的影响

俄罗斯科教一体化有利于提高俄罗斯高校的竞争力，不仅可以促进高校教师积极参加科研，而且还可以促进职业教育大纲的制定与完善，同时也有利于符合现代科学水平设备的提供。科教一体化还为学生参与完成课题创造了机会，使学生成为科研教育和再生产过程的参与者。然而，自俄罗斯转型以来，从事科研的教师比重从38%锐减到17.7%；只有45%的高校进行科研，然而，约80%的高校课程不取决于研究。同时，大学的科研预算经费严重不足。

一 科技与教育的结合

俄罗斯科技与教育的结合成为俄罗斯科技领域发展的一个重要趋势，也成为俄罗斯转型以来国家的战略任务之一。俄罗斯的科技与教育的结合自2004年以来尤其活跃，为促进教育与科学的结合发展，2004年3月9日，俄罗斯撤销原来的工业科技部而成立教育科技部。

（一）高校科研机构的建设

在很长一段时间内，俄罗斯精英大学和普通大学以及对他们的专项支持方式都是有所区分的。例如，对莫斯科大学的经费是通过国家特殊的科学预算资助的。优秀大学是俄罗斯前教育部为支持精英大学而设立的。

当俄罗斯教育部不复存在，"优秀大学"概念伴随着行政改革也结束了。新的教育科技部恢复了被认为是在科技和教育的结合框架内的"研究机构"概念和战略。根据大学、学术机构、公共科技中心中间的互动状况，"研究机构"概念表明了自愿结合的不同"深度"。俄罗斯将其划分为三个层次的结合：①创建一个法律实体，尤其是研究型大学的创建，实现科研与教育的全面结合；②部分结合，在高校成立科研机构、基础部门和研究室；③契约结合，例如，介于法律之上独立的科研机构和高校。

俄罗斯不同类型的学术机构和高校的结合已经出现并获得了一定的经验。可以说，合作正在积极发展，但是，由于俄罗斯现有的法律和监管问题导致的结合项目的融资不足等原因，严重干扰了科技和教育的深度结合。

（二）创新型高校建设

俄罗斯创新型高校建设的目的在于对高校正在实施的各种创新项目提供有针对性的支持，包括教育、组织、管理以及科研领域等。这不但是必要的，而且也是非常及时的。俄罗斯的人才市场越来越活跃，对新的竞争领域需要大量的专家人才。用人单位对人才的要求逐步升高，这就意味着对教育质量的要求也在逐步升高，对提高高校科研的重要性也在日益增强。到目前为止，根据用人单位的评估，高校提供了基础知识令人满意、专业知识略显陈旧、竞争力（包括知识学习、沟通技巧、团队合作、自我教育等能力）低的人才。①

在创新项目的竞争中，参赛的高校都可以阐述在科教发展方面的创新思想，如能在竞争中取得成功，该项目还可能被引入高教体系。为实施其计划，高校可申请4亿—10亿卢布，同时，保证额外的预算外资金不低于项目预算实施的20%。

这种创新项目的优势在于由高校自身产生，并非是上级强加；并且对高校创新项目的内容和先进理念没有任何硬性要求。这容易调动起高校产生新的创新项目的积极性。同时，创新型高校倾向于竞争力的提升，也有动力促进科学发展，因为研发（R&D）也是创新项目的一个必要组成部分。总之，创新型高校建设计划已经超越了使部分高校成为竞争中的优胜者，可以促进高校考虑自己的发展战略。

一些创新型高校还可能发展为研究型大学。而研究型大学有向研究生教育和博士学位突出的趋向，所教授的学科范围也被扩展，这将有利于促进科技和教育的结合。同时，高校还可拥有先进的设备，和行业产业建立充分完善的联系，有利于实现技术研发成果的商业化，

---

① 根据2005年由V.波塔宁慈善基金、俄罗斯铝业公司和AFK系统在"高校和用人单位——关于高校毕业生和高等教育的改革"中分析的结果。

拥有领域内成熟的基础设施，还可与校友、捐助者进行有效互动。

（三）研究型大学的创建

俄罗斯实施的"创新教育计划"是在国家教育项目框架内进行的。为促进大学的发展，国家增加了对大学的预算支出，这样，可以推动大学的科研水平，而对科研的推动又可以促进高校教育质量的提高。"创新教育计划"是政府促进高校科研发展的第一步。2008年10月7日，俄罗斯总统签署第1448号法令《关于国家研究型大学项目创建试点的实施》，计划在2009年通过招标再选出10—15所大学的基础上并授予"国家研究型大学"地位，期限为5年。拥有研究型大学地位则可获得大量的预算外资金，可以根据研究获得购买新设备的拨款、解决土地和财产事项等多方面的待遇。

政府建立研究型大学支持的重点已经转向研究和创新，而非教育活动。给予该地位的目的在于确保为高新技术研制提供人才培训并推动科学研究，尤其是应用研究和研究成果的商品化。同时设想研究型大学能吸引想回俄罗斯工作的国外科学家进而提高大学的科研水平，确保这些研究型大学能在10—15年跻身于世界大学500强之中。对于研究型大学的评审授予将分为两个阶段来进行，第一阶段是对前三年的绩效进行评估；第二阶段对其提交的发展规划进行评估。①

但需要指出的是，俄罗斯对于研究型大学的理解不同于西方发达国家。如美国，研究型大学是20世纪70年代结合大学和学院的分类发展而引入的。其分类基础只基于两个参数，即博士毕业生人数和研发预算资金额。根据这些标准划分了5个主要类别的大学和学院。第一类是占美国大学和学院总数的5%，被认为是"博士项目研究型大学"。值得注意的是，美国并没有正式的"研究型大学"的概念，且该类大学是根据大学的实际表现以及其自愿参与评级排名而确定的结果。但研究型大学还是有一系列特征，其中最关键的特征包括：①研

---

① 具体而言，评估将涉及包括客座研究员在内的大学人才潜力、科研基础设施、科研和创新活动的影响（从事科研的教师比重、出版物和专利活动指标、研究实验室的数量）以及国内国际的认可度，尤其是海外留学生的比重。

发支出占研究型大学总预算的50%；②包括硕士在内的研究生比重大于大学生的比重；③访问学者和研究人员占教师和研究人员总数的30%—60%。

由此可见，俄联邦政府的做法是：在大学竞争的基础上选出一些大学对其增加额外的预算投入。这种方法有其存在的合理性，并且应当承认，如果俄罗斯的研究型大学努力达到国际知名的研究型大学的参数特征，其经费投入应当为规范高校操作而创建或调整相应条件。但国外高校的科研经费来源有很大一部分来自企业，这样，更有利于实现科研成果的商业化，同时也更符合市场需求。

（四）科教中心的建立

俄罗斯的科教中心是在大学和研究机构下建立的。俄罗斯有1300多个科教中心受俄罗斯教科部的支持。多数科教中心在大学运作，约25%在研究机构下运作。根据2011年对科教中心2009—2010年的表现评估，通过出版活动的指标和一些新的教育指标来衡量，其结果显示一般，尤其是在海外出版活动指标。整个科教中心科研产出并不高，但学术科研中心与大学科研中心相比，学术表现还是要好很多。大学科研中心的比重要高于学术科研中心。

在塑造高效和充满活力的研究团队方面，通过评估科研中心吸引的预算外资金数目和来源构成，可以证明科研中心的可行性、成功程度和持续发展的潜力，尽管这些小额资金在未来还不能增加到可以替代预算资金的程度。分析表明，科研中心的预算外资金主要是通过政府性资金（在大学，此比重的资金一般比较高）。其他资金来源包括为民事合同提供法律服务、共同投资者基金、组织间执行的协议、基础科学基金和人文社科基金补助金、欧盟第七框架下的针对性补贴等。对于科教中心而言，国外资金的财政支持有限。但是，学术科研中心的资助比重要高于大学的科研中心，而且来源也更加多样化。

在科教领域的人员整合方面，可以通过年轻工作人员在完成项目中所占比重来衡量。研究发现，2010年和2009年该指标对比差异很大，2010年年轻人员占24%，2009年占41%。但长期项目雇用年轻人员的比重尚不清晰。

另外，还要对俄罗斯当前出现的不同类型的科教中心进行分析。第一类是科学教育参数处于中低水平的科教中心，多数科教中心属于该类型，且大多数学生在这样的组织。该种类型的科教中心不鼓励结构性流动，研究成果不高且没有出现在国外会议上，因此，国际水平低，其运作是低效的。第二类比第一类效果要好，教育培训也更有效，更多的毕业生找到了工作，可以实现专业知识和技能的扩散。该类型的科教中心把工作重心放在教育上，在某种程度上属于短期的人才培训中心，因此，国际影响不大。第三类是研发指数最高的科教中心，主要是属于俄罗斯科学院组织、联邦研究型大学的科教中心。在该类型的中心中，年轻人所占比重较高，通过国外杂志和国外会议的出版物可发现，其从事的国际研究成果比较丰富，且国外经费来源也相当可观。

然而，只有6%的科教中心正在参与科研成果的商业化。从科教中心的资金运作结构可以发现，有66%的资金用于科研，23%用于教育，只有10%的资金用于商业化。尽管科研成果商业化是资源的最强化运用，但由于俄罗斯企业文化发展不足等原因，他们只申请专利，但并未出售许可。由此可见，俄罗斯的专利不过是支持市场规则的一种形式，而不是作为一种机制将科研成果商业化以实现科技创新。

（五）创建巨额补贴的大学实验室

2010年4月9日，俄联邦政府第220号决议批准了吸引顶尖科学家到俄罗斯高校从事科研工作。通过对大学实验室的巨额补贴形成一种良好的竞争环境以此来吸引国内外优秀科技专家以提高俄罗斯的整体科研水平。这是推进高校科研与教育结合的又一措施。2010—2012年高校将获得120亿卢布的科研补贴，计划创建80个实验室，每个实验室三年内可获得1.5亿卢布（约500万美元）的巨额补贴，几乎达到发达国家的标准。该资金可用于购买新设备等科研所需物品，但对支付科研团队的工资不能超过总数的60%。

在资助的范围上，与上述的科教中心相比，其特点是允许国外优秀科学家申请，而且在补贴额度上远远高于普通科技中心的三年期最大额度的1500万卢布，是其10倍。这样，大学实验室将有更好的条件从事科研工作。在竞赛中,俄罗斯制定较为严格的审核机制,审核专家共 1299 名,其中国外专家占 46.9%（609 人）。连续两年参与竞赛的比重类似,每个项目约有 13 项申请。通过竞争,2010 年建立了 40 所实验室,2011 年又建立了 39 所。

对高校实验室进行巨额补贴,这对科研产出具有积极作用,研究团队在科技成果方面也更加高效,实验室的研究行为开始逐步转变,而不是仅停留在一定职务和职称的荣誉上。

然而,实验室对巨额补贴的使用也出现了一些挑战。对于科研采购、海关手续、国外专家的邀请,这主要涉及组织和官僚主义的问题。另外可以发现,规范创建知识产权并未达到预期目标。总之,该项目的总体效率并不高,正如该项目的一个竞争获胜者所言,"相比于西方项目,支出效率最好也就能达到 10%—15%"。[①]

二 科教结合对科技创新的影响

俄罗斯通过科学和教育的一体化政策使科学研究和高等教育在一定程度上结合起来,拉近了两者的距离,对于培养新一代科研人员有着重要作用,提高了其在世界科研竞争中的水平,优化了科教科研人才队伍,增加了科技成果,同时使经济发展向更高层次的技术结构过渡。

俄罗斯科教一体化促进了高校、科学院和国家科研中心在基础研究创新方面的互动合作；科研人员、高校教师、学生共同使用科研资源,有助于其使用效率的提高,尤其是在资源有限的情况下,协调了高校与科研院所的工作,避免了重复研究,提高了俄罗斯有限资金的使用效率。另外,不但提高了基础研究创新在大学中的研究地位,同时也使科研教学和生产结合得更加紧密,与生产中心开展各方面的研究合作。

另外,高校的教研室和科研部门的实验室组建发展是决定大学教育与科研潜力的重要因素。科教一体化使未来的科研人员在培养的早

---

① Gaidar Institute, "*Russian Economy: Trends and Perspectives*", Moscow: Gaidar Institute for Economic Policy, 2012.

期阶段就熟悉了科技创新的环境和不同科研方向，包括它们之间的复杂关系，培养了高水平的科技创新人才，这对于解决重大综合科研是非常重要的。

但是，在科技与教育结合实施过程中也面临诸多问题，如理论研究落后于实践发展、过分依赖政府行政手段、大学内在能动性与主动性发挥不足、资金投入不具有可持续性、高等教育质量不能满足市场需求等成为其有机结合的障碍。

第五节 加强军民两用技术结合及其对科技创新的影响

俄罗斯军事化导向严重制约了民用科技的发展。俄罗斯具有世界级的基础研究能力，但是，俄罗斯出口产品却是原材料。当财富依赖知识水平的增长时，俄罗斯却没有有效地将它的科学能力转变为财富。国防军事的巨额支出极大地制约了政府对民用科技的投入，而对科技发展有限投入的绝大部分份额又相继流入与军事科研相关的部门。

一 积极推进国防工业的军转民

俄罗斯国防军工是技术创新的源泉。军工技术向民用转化是其转型的重要发展方向之一。然而，苏联时期，由于长期的美苏军事对峙，再加上计划经济体制和思想意识形态上的禁锢以及军工技术的特殊性，这些导致俄罗斯军工技术很难向民用转化。俄罗斯军转民计划也是为了实现俄罗斯军事工业的市场化转型。在市场化转型过程中，俄罗斯国防工业的军转民进程在不同的时期也表现出不同的特点。

1992—1994年，俄罗斯的军转民进程表现出很大的无序性与盲目性。随着以价格自由化和全盘私有化为特征的"休克疗法"的推行，俄罗斯对国防军工产业也进行了激进式的军转民进程。这期间，719家军工企业被强制转产，速度惊人。与之相比，即使财政充足的西方国家也未以如此速度进行，美国只有2%—3%，西欧为3%—5%。这种强制转产导致产不能销售，加之当时实行对外经济贸易自由化政策，国外同类产品的竞争让俄罗斯国内产品大量积压。1993年3月20日，俄政府制定了《俄联邦国防工业军转民法》，以鼓励企业生产民用产品，8月成立了国防工业跨部门委员会并颁布了一系列政府条例。然而，一直到1994年9月军转民计划实施过程中，仅有14%的政府财政计划拨款到位。由于经费不足，又无法得到西方的援助，这期间军转民陷入困境。

1995—1997年，俄罗斯的军转民进程开始走向有序发展。在该时期，俄罗斯政府将权力下放给地方政府和企业。1996年2月，俄罗斯政府通过了《1995—1997年俄联邦国防工业转产专项计划》，进一步确认了军转民的目标、任务以及方案。该方案要求组织生产技术含量高、竞争力强的民用产品，增加生产领域的竞争力，保存军事工业体内科技潜能的内核，以改变军转民的无政府状态。1996年4月，成立了俄联邦军工企业私有化委员会，5月将国防委员会改组为国防工业部。在该时期，完全实现军转民的工业企业数量增长近3倍。军工企业开始实行股份化，逐渐适应开放的市场环境，开始关注产品竞争力和市场需求。融资呈现多元化趋势。如1996年，其融资资金中市场占54%，政府预算占27%，银行贷款占12%，军转民基金贷款占4.7%。但总体而言，由于政府拨款、采购没有保证等多重约束，该时期的军转民仍未能达到预定目标，军转民企业状况继续恶化。如1995年和1996年，财政拨款仅为规定总额的11%和15.5%，国防采购减少10—15倍，导致生产总量急剧下降，1995年比1994年包括民用品生产下降22.7%，1997年比1996年又下降16%。

1998—2000年，俄罗斯的军转民进程开始放弃盲目的全面军转民走向理性重组时期。1998年，俄罗斯通过了《俄罗斯国防工业军转民法》，政府制定了新的《1998—2000年国防工业改组与转产》的军转民计划。1998年，俄罗斯确定了国防军工的改组计划，合并57个相关部门，裁减了8.5万人，军工及其相关企业在组织制度上发生了实质性变化，对竞争力较强的军工企业进行优化重组，将2000家军工企业减到不超过 800 家。这期间，建立起 36 个体系完备的大型军工集团，其中，包括 12 个军事技术领域大型军工集团、13 个武器系统领域的大型军工集团、11 个武器组装和综合供应的大型军工集团。但受金融危机等因素影响，至 2000 年，任务只完成了 30%。

自 2001 年至今，俄罗斯的军转民开始实施新战略。普京着手制定新的军工综合体改革纲要。2001 年，通过了《俄联邦 2010 年前国防工业体发展的政策基础》以及《2001—2006 年俄联邦国防工业体改革和发展专项纲要》。俄罗斯开始借鉴美国等西方国家的军转民改革经验，实施企业战略性垂直重组，加大转型的制度建设、结构重组以及新产品的开发与研制，采取国内外并举的"两条腿走路"方式。为了发展传统部门和高新技术明确具体的方向，未来的国防技术将创建专门的研究基金。[①] 一方面，发展具有国际竞争力的军事产品，积极拓展国际市场，实施全方位武器和军工技术出口战略；另一方面，继续加大军转民力度，生产更多具有竞争力的产品，以满足国内外市场需求。这期间，俄罗斯国防军工的转型优化了内部产业结构，提高了国防工业体产品的数量，相关企业财政的状况有一定程度的好转。与 1997 年相比，2002 年军工产量增加了 2 倍多，同时也带来了俄罗斯技术密集型部门的生产结构的变化。2006 年，航空工业产品所占比重最大，为 25.2%。并且航空工业的产品出口份额大幅提升，占军工产品出口额的 49.9%，比 2005 年增长了 16.4%。政府的军费支出增加，从 1998 年占 GDP 的 2.4% 提高到 2005 年的 2.84%，扩大了军事采购。

俄罗斯的市场化经济转型为其军工向民用转型提供了必要的制度基础和前提。国防军工内的基础科学研究平台以及世界上首屈一指的科研创新队伍为其技术创新的展开提供了内生条件，国际武器和军工技术日益激烈的竞争环境为俄罗斯政府推动国防军工体系创新能力的提升提供了有效激励。

随着国防军工转型的推进，国防工业的技术转型从民用产品生产

---

① 2012 年普京国情咨文。

管理的任务分配着手，转型计划中，对转型企业规定了一系列有关导向性的生产领域。主要涉及船舶制造、航空制造、通信工具以及其他领域的生产组合等多个方面。其主要特点在于尽可能地保存军工生产的产能，保证其潜能得到充分发挥并能更加灵活地利用，从技术的角度寻找更适宜进行民用产品生产的方法。

尽管国防军工的部门结构变化不大，只是有原来的9个部门转变为现在的8个部门，但各部门内的比重发生了较大的变化，航空工业所占比重居首位为20%；其次是电子工业，约为17%；接下来是建筑、无线电、通信、武器工业等。这种结构将有利于军民两用技术和产品的发展。

二 军民两用技术的结合对科技创新的影响

近70年高度集中的计划体制导致俄罗斯形成了以重工业为主导、国防军工为主体的畸形产业结构，并且俄罗斯近70%的经济生活都与军事经济密切相关。因此，俄罗斯国防军工产业的转型也成为俄罗斯整个经济转型的重中之重。这种转型不仅优化了自身的内部结构，对俄罗斯产业结构乃至整个经济结构的调整产生了积极的影响，而且作为俄罗斯基础和应用科学的重要阵地，俄罗斯国防军工的转型成为其技术创新和高新技术产业发展的重要支撑。"为打造高科技移动部队，我们为此投资20万亿卢布，这种巨额投资最终将给我们带来军民两用技术的发展，将有利于现代化生产和发展基础研究、应用研究以及大学研究。"[①] 俄罗斯军转民进程保存了最关键的技术和生产潜能，保存了最具发展潜能的高精尖技术部门，同时也造就了一批新技术生产联合体和产业。

西方国家通过军民两用技术的有机结合，军转民产品结构得到了一定程度的优化。在俄罗斯军民产品生产结构中，2002年，民用产品占41.9%，军工产品占58.1%；2005年，民用产品占45%，军工产

---

① 2010年梅德韦杰夫国情咨文。

品占55%；预计到2015年民用产品比重将达到60%。①

总之，俄罗斯的军转民进程是在保障国家安全的前提下，按照利润最大化进行的，军民产品的比重与其效用大小高度相关。随着俄罗斯经济的快速发展，俄罗斯重视通过加大财政支持军转民技术创新来实现经济的稳定增长。但是，俄罗斯在军转民过程中也出现了很多问题，这又抑制了科技创新。例如，国防工业企业技术设备老化严重，直接从事研发的技术设备从占总量的69.3%大幅降至35%；国防采购的下降使企业生产水平下降，利润率降低；专业技术人员的数量大幅减少导致研究能力下降；投资严重不足，尽管政府对其投资不断增加，但也存在一定的偏好，对国有或控股企业投资多，一般企业投资少，来自其他领域的投资也相对较少，特别是私人投资微乎其微，这导致融资不足，这些问题的存在制约着科技创新的实现。而美国等发达国家为了促进军转民实现，更多地吸引了私人投资。西方国家对俄罗斯的评估是，其民用技术的总体水平要比西方国家落后10—15年。②

第六节 融入科技全球化及其对科技创新的影响

在苏联的计划经济体制下，由于意识形态干预科学，俄罗斯的科学发展与世界科学发展几乎处于隔离状态。融入科技全球化对俄罗斯意味着将获得更多的利益，这也成了其进行制度变迁的动力。

一 融入科技全球化

1996年，俄联邦政府制定的《科学技术法》第16章特别指出，科学家、科研组织有权与国际科研组织合作，国家要为此创造一切有

---

① 周维第：《俄罗斯国防工业体转型及其经济效应研究》，中国社会科学出版社2011年版，第112页。
② 程亦军：《俄罗斯科技现状与创新经济前景分析》，《俄罗斯中亚东欧市场》2005年第11期。

利条件。俄罗斯政府决定让科技融入全球科技体系。

根据1998年5月19日俄罗斯政府第453号决议，制定了《俄罗斯1998—2000年科学改革构想》，该构想的目的主要是继续强化国家科技政策，从过去的被动守势逐步过渡到主动攻势。

（一）促进与国外、外籍科学家的互动

1. 支持俄罗斯外籍人士负责的科研计划

在《创新俄罗斯科学与科学教学（2009—2013年）》的框架下，"客座研究员领导的研究团队行为"项目开始实施。项目规定，由外籍研究人员牵头的研究项目最长为2年，补贴的联邦预算资金每年不超过200万卢布。在项目实施期间，外籍研究员在俄罗斯境内的研究活动每年不能少于2个月。经过2009年的首次招标，110个项目将获得资助，2010年为125项。竞争的强度是，2009年，每个项目有3.4个申请，2010年每个项目有3.2个申请。选择的结果是60%以上在大学执行。

然而，该项目是在公共采购法律规定基础上运行的，选择的主要标准是价格和项目实施时间。因此，2009年平均每个项目获得的资助为300万卢布，2010年为260万卢布，而不是最高资助的400万卢布。与最高资助相同的联邦目标计划的其他项目相比，资助减少的幅度是比较缓和的。要求有一个外籍的项目负责人，这在一定程度上保证了项目的质量标准，同时也部分地阻止了一些机构恶性低价介入。

从国家的角度来看，这种外籍模式与其他竞赛中的数据结果并无显著不同。2009年，这些项目的外籍负责人来自美国、德国、法国的研究人员高达64%，而2010年下降到57%。多达52%的项目负责人持有第二（俄罗斯）护照，因此可保证获得俄罗斯的入境签证。外籍研究人员基本上都有相当名望，49.6%的参与者是教授，19.2%的参与者是部门、实验室的负责人，24%是研究人员。然而，客座研究人员的科学水平却几乎无人知晓。难以收集到其引文索引的数据，存在的唯一信息是关于其发表期刊的影响因子，89.6%的项目外籍负责人有这样的出版物。至于其他指标，如专利，却非常低，客座研究人员总数的67%没有获得专利。

第四章　俄罗斯科技体制的制度变迁及其对科技创新的影响 | 93

2. 在顶尖科学家指导下创建新的实验室

2010年，政府第220号决议批准了吸引顶尖科学家到高校的措施，通过对科研人员的额外激励以吸引国外最好的研究人员创建新的实验室，以形成良好的科研竞争环境，提高高校科研的整体质量。在2010年首批资助的40个项目申请中，来自国外的研究人员比俄罗斯的外籍人士更加积极地参与项目竞争，分别占申请总数的35%（包含2%的来自独联体的科学家）和22%，而俄罗斯的研究人员的申请占总数的43%。从竞争获得补贴的结果来看，来自国外的研究人员占35%，俄罗斯外籍研究人员占52.5%，俄罗斯研究人员只占12.5%（5项）。参与该项目初步评估的专家有2/3是国外研究人员。这也充分体现了俄罗斯与国外科学家的互动。

3. 吸引优秀专家到俄罗斯的立法变化

为了吸引国外科学家和外籍人士到俄罗斯从事科研，俄罗斯政府出台了一系列的政策措施，以改善优秀科学家在俄罗斯的就业条件，吸引更多的科学家到俄罗斯工作。2010年5月19日，第86号联邦法令《关于外国公民在俄罗斯的法律地位》的修正案于2010年7月1日颁布。该法令规定，在俄罗斯的外国公民中的高级专门人才工作许可有效期长达3年，并可延期。这就意味着外国公民也可享受俄联邦居民税制，无论他们留在俄罗斯多久，个人所得税税率为13%。因此，新法案的颁布将有助于国外科学家获得补贴。

2010年12月23日，俄罗斯政府通过第385号法令对个别条款进行修订以促进科技发展。例如，对于高级专门人才，重新定义为被公开认可的高等教育机构、国家科学院、国家研究中心等机构邀请从事研究或教学活动的人员，这为雇用高素质的专家限定了标准，其每年（365个日历日）工资不低于100万卢布。在原来的法律中，工资总额成为邀请专家资格唯一的认定标准，法律规定一年不超过200万卢布，缺少服务期和专家的水平要求。原法定工资不与日历年挂钩，可能会引起雇佣机构滥用合同（如提前终止合同而又不支付总工资额），这样，每月的劳动报酬将形成一个比"不超过一年"的标准更有效。另外，对于高级专门人才的家庭成员而言，修改后的法规，提供了更加自由、简单的工作签证和后续延期程序。例如，原来法律规定的就业和签证优惠制度只是涉及高级专门人才自身，而没有涉及其家庭成员。

(二) 加强与国外合作

俄罗斯积极参与联合国教科文组织、国际科学理事会等国际或区域性组织协作的科技活动。在国际合作中，国外对俄罗斯的基础研究领域和军工综合体的研究与设计制造成果最感兴趣，尤其是航天航空、火箭技术等。俄罗斯与合作伙伴共同感兴趣的领域主要包括新材料、新能源、信息系统、生物技术、医疗、电信等。

俄罗斯积极参与国际大科学的技术分工与合作研究。例如，俄罗斯曾先后参与了阿尔法空间站建设、"火星96"计划、"欧洲大型强子对撞机"计划、"人力基因组"计划、"巨型科技"计划、"巨型射电望远镜"计划等大科学项目的国际合作。在航空航天领域，俄罗斯与美国、英国、法国、德国等国家先后建立了合作关系，这不但可以获得先进技术以提高本国产品竞争力，同时还可获得国外资金。1999年就吸引外资8亿美元，是当年国家对其预算的5倍多。这有利于俄罗斯在大科学以及高新产业方面的发展。

在国防军工方面，俄罗斯有500多家企业与苏联10多个加盟共和国的1236家企业建立了合资或合作关系，在军工领域开展和其他国家的合作重点主要集中在独联体国家，建立合资企业，包括向其提供军事援助、武器维修和军工技术，合作从事武器生产，甚至以本国的国防采购价格向其他一些国家提供军需品。

同时，俄罗斯还与美国、德国等国家以及东亚国家或地区的跨国公司加强合作。并且俄罗斯开始向发展中国家出口武器及军工技术。在俄罗斯的武器与军工技术出口额中，中国占32%，印度占17%，中亚与拉美国家占30%，欧洲国家占13%，东南亚国家占8%，赚取了大量的外汇，为其经济复苏和财政好转提供了大量资金。

截至2009年，俄罗斯在教育、科技创新领域与世界70多个国家和多个国际经济、科技和教育组织建立了经常性的合作关系，签署了300多项政府间和部门间的合作协议。

（三）积极参与国际竞争

为鼓励企业参与国际市场竞争，扩大出口，俄罗斯通过对出口企业实行税收、价格等方面的优惠政策，在一定程度上可以刺激技术密集型产品的出口。为提高俄罗斯高新技术产业的竞争力，帮助俄罗斯高新技术产业分担部分金融风险，俄罗斯专门成立了出口信贷和投资机构。这样，在2013年以前，该机构将为俄罗斯15%以上的交通机电产品出口提供风险分担，总额达140亿美元。

同时，俄罗斯也在国际技术市场充分发挥自己的竞争优势，如航天服务市场。然而，尽管俄罗斯在航天领域具有明显优势，并且具备打开这一市场的能力，但总的出口收入并不令人满意。以2016年为例，俄罗斯航空航天产品出口占世界市场份额为0.40%，而美国为29.6%，俄罗斯在转型以来最高份额是2003年，为2.13%。[1]

在国际市场的竞争中，俄罗斯军工科技最为明显。随着经济实力不断增强，为增加军工产品的国际竞争力，俄罗斯政府实际军费支出不断增加，2000年的军费支出为2595.82亿卢布，2005年增加到7732.1亿卢布，2010年增加到16360亿卢布，2015年增加到40470亿卢布，2016年增加到46450亿卢布。[2] 为增强国际武器市场上的竞争力，俄罗斯集中力量进行第六代战机的研发工作，且第七代战斗机的研制工作也已起步。尽管俄罗斯在国际市场上战机市场份额比美国逊色，但由于俄罗斯的劳动力成本相对低廉而具有相当大的竞争优势，这也使俄罗斯的军工产品将具有较强的市场竞争力。比如，美国的F-15战机每架约为5000万美元，而俄罗斯同性能的战机售价仅3500万—4500万美元。俄罗斯在世界武器和军工技术市场上的竞争优势更多地依靠技术优势，但与欧美国家相比，仍有一定的差距。

俄罗斯的相关出口机构和企业集团积极开展军工产品和技术的国际市场营销，如定期参加国际军工技术展和航空沙龙等。俄罗斯通过这种方式向世界各国展示其在武器和军工技术领域的水平与实力。这

---

[1] http://stats.oecd.org/Index.aspx.
[2] 世界银行网站。

有助于推动俄罗斯更好地参加国际武器和军工技术领域的竞争。

二 融入科技全球化对科技创新的影响

俄罗斯在市场化转型过程中，开始积极融入科技全球化。俄罗斯促进与国外科学家的互动有助于加强本国与外国的科技交流，有助于借助国外科学家的研发能力，发展本国科技并促进本国科技水平的提高。在科技领域积极与西方发达国家以及其他国家进行合作，一方面，增加了俄罗斯科研经费，可以使科研经费不足的状况得以有效缓解；另一方面，加强了科技交流合作，也为在国内外市场推广高新技术奠定了一定的基础。另外，俄罗斯积极参与国际科技市场的竞争，发现自己的竞争优势与不足，这对本国高新技术创新的发展将会形成有力的激励。

第五章 俄罗斯科技体制转型中的科技创新组织、机制与模式

第一节 俄罗斯科技体制转型中的科技创新组织分析

典型创新型国家的经验表明,国家创新战略的成功,一方面取决于经济、科技政策的协调配合,尤其是税收、政府采购以及财政经济政策对科技创新的重要支持作用;另一方面也需要各部门的协调配合以及社会的共同努力。这需要国家拥有完备的创新领导机制[①]和高效的创新政策执行机构与协调运行机制,以有利于降低创新成本,保证国家创新战略的有效实施。

一 俄罗斯科研组织的改革与创新状况

(一)苏联时期的科研组织

俄罗斯的科研组织在其转型之前分为三级:第一级是包括苏共、最高苏维埃部长会议、加盟共和国政府在内的科技最高决策机构,其主要职能是决定科技领域的重大方针政策,属于领导核心;第二级是包括国家科技委员会、国家发明与发现事务委员会、国家计划委员会等在内的科技管理机构,其主要职能是代表决策机构来监督政策的执行,隶属于第一级,其中国家科技委员会负责科技总协调;第三级是

---

① 国家创新领导机制如美国的总统及其科技委员会、日本的综合科技会议、韩国的科技部等。

包括科学院系统、高校科研系统和工业部门科研系统在内的三大系统，为实际从事研发的机构。其中，科学院系统包括苏联科学院、14个加盟共和国科学院、5个专业科学院（建筑科学院、医学科学院、艺术科学院、农业科学院、教育科学院）。

研究所是俄罗斯转型前科技组织的重要特征。1990年，苏联有约5000家研究所，多由工业部管理。大的研究所有上万名科研人员，威望高的研究所多属于苏联科学院，且多从事基础研究。"研究所在苏联科技工作中占有最重要位置，虽说大学或技术学院也有一些研究机构，但所有杰出科学家和技术专家都是某些研究所的成员，或者是与它们有密切联系。"①

苏联的科研机构，包括各部委所属的科研院所、企业研发机构、高校的研究室和实验室、科学院所属的科研单位均由政府设立，并由政府下达科研和技术开发项目，所需要的人力、财力、物力由国家统一调配，研究成果由国家相关部门组织鉴定、验收并推广应用。科学院、高校和工业部门三大系统各自为政，这使部分研究处于空白，跨部门的综合研究无人关注，而有的研究又大量重复，同时，各科研单位信息互不畅通，以至于其出现很多研究成果被西方国家引用比在苏联国内还快。

（二）转型之后的俄罗斯科研组织

转型之后，俄罗斯对科技管理体制进行了改革。俄罗斯科研组织结构分为三个层级：一是科技最高决策机构，包括总统（通过总统科技政策委员会②）、联邦议会，负责决定科技领域的重大方针政策，属于领导核心；二是联邦政府的科技管理机构，包括政府科技政策委员会③、教育科技部、经济发展部等，主要任务是代表决策机构监督科

---

① 陈新明：《政府在苏联科技进步中的作用》，《东欧中亚研究》2000年第6期。
② 总统科技政策委员会成立于1995年3月2日，由总统担任委员会主席，政府总理担任副主席，委员会由28人组成。该委员会负责向总统通报国内外科技进展情况，提出有关俄罗斯科技政策和优先发展领域的战略性建议。
③ 俄联邦政府科技政策委员会成立于1995年2月，由政府总理担任主席。其主要任务是：保障国家科学和高技术领域技术政策的统一，为科技发展创造良好的条件；促进科技成果的转化，探索科技与市场经济相适应的改革道路；保护和开发国家的科技潜力。

技政策的贯彻执行；三是科研机构，包括科学院系统、部门研究机构、高等院校和企业科研机构4个系统。科研归口管理机构是俄联邦教育科技部。

转型以来，1994年，俄罗斯政府颁布了《科研组织机构私有化决定》。科研单位被分成三类：一是禁止私有化的，包括俄罗斯科学院在内的六大科学院；二是改组为预算拨款的科研单位；三是改组为国家参股的开放型股份公司的科研单位。这样，获得国家优惠和财政拨款的科研机构大大减少，但也造成了科技资源的严重流失。科研机构从单一国有制逐渐发展为国有制形式为主导、多种所有制形式并存的局面。就理论而言，这为多种类型的科技创新的实现提供了可能。

俄罗斯对科研机构的改革导致国有比重过高，这不符合市场经济的要求。"到2002年年初，俄罗斯共有4037家科研机构，比1990年减少13%，其中，主要为从事研发活动的规划与设计机构。同时，1990—2001年，俄罗斯的科研机构从1800个增加到2700家，其中，科研辅助人员占70%—80%。俄罗斯科研机构中，2900个为国家所有（日本为96个，德国为82个，英国为45个，美国为39个），占研发单位总数的71.5%，私有研发单位占11.1%。"[1] 根据2008年俄联邦统计局公布的统计数据，科研机构有3957个，其中，研究机构为2036个，占51.5%；高校有500个，占12.6%；企业有265个，占6.7%；其他科研机构有1156个，占29.2%。部门行业研究机构数量为1742个，科研人员总数为478401人。

公共研究机构在知识领域同样担负着基础研究的重任。"据不完全统计，俄罗斯知识产权的总价值约为4000亿美元，其中，90%归国家所有。"[2] "对于绝大多数行业而言，由于基础研究与实现创新之间的时间过长，因此，与公共研究机构的直接联系是有限的，且多数技术改进方面的努力主要依靠产业内部或其他技术来源。再加上在转

---

[1] ［俄］果赫别尔戈:《"新经济"条件下的俄罗斯国家创新体系》,《经济问题》2003年第3期。
[2] ［俄］库拉金:《部门的科技潜力：组织的创新积极性》,《预测问题》2004年第1期。

型初期，俄罗斯企业深受经济转型危机重创，采用新技术的积极性不高，这使这些部门大量科研成果只能以专利和论文形式存在。在2001年新研发的637项先进技术中，仅有42.3%享有专利权。"①

随着俄罗斯科技组织制度安排的逐步完善，俄罗斯的科研机构的科研产出也逐步发生了积极的变化。俄罗斯居民的专利申请量自1997年降到历史最低点15106件之后，几乎逐年增加，2015年达到29269件；科技论文自2007年的30320篇开始增加，2016年达到59134篇，呈现递增趋势。

俄罗斯科学院是俄罗斯最高科研机构，成立于1724年，主要从事自然社会科学领域的基础研究、与社会经济远景发展有直接关系的科学研究、发展科技进步的最新潜力、促进科研成果在经济建设中充分应用等。② 根据1999年的统计，俄罗斯科学院共有人员53350名，其中，院士435名，通信院士656名，博士8889名，在读博士26448名。根据2008年俄罗斯统计局的数据，俄罗斯学院系统科研机构为891个，科研人员总数上升为142988人，博士14246人，在读博士33801人。科学院的研究机构规模庞大，学科齐全，设有众多的学部、科学中心、研究所、实验室和大量的附属机构。科学院与世界许多国家有科技合作关系，截至1999年，与53个国家签订78个合作协议。至2009年，俄罗斯科学院完成约5000个研究课题，在基础研究的几乎所有方面都取得了具有世界水平的科研成果。

总之，俄罗斯通过科技体制改革，关、停、并、转一部分效率低的科研机构，从组织结构和产业化方面对国家科技创新体系进行优化，包括优化单位资产，提高单位资本化程度，优化单位规模，对效率低下、重复过剩的单位实行股份制和私有化等制度安排，一定程度上促进了科技创新效率的提高。但是，俄罗斯的科研组织仍存在法律形式不完善、规模过剩且分散、科研成果效率不高、缺乏明确而有效

---

① 戚文海：《经济转型国家的国家创新体系评析——以俄罗斯为研究案例》，《俄罗斯中亚东欧研究》2005年第5期。
② 俄罗斯科学院与美国科学院不同。美国科学院没有研究实体，只是荣誉和科技咨询机构。

的评审标准和统计系统等一系列问题。

二 俄罗斯高校的科研与教育一体化

高校是基础研究的主体，同时还兼顾应用研究。除此之外，高校还肩负着科研和人才培养的双重任务，包含着知识的生产与传播，以及在产业市场、研发方面的应用研究。苏联解体后，俄罗斯作为最大继承国继承了其丰富的财产，而且在相当程度上保留了苏联的教育体系和传统。俄罗斯是科教大国，其教育自成体系，别具特色。高等教育水平处于世界前列，拥有许多国际著名大学。

（一）俄罗斯高校对科技人才的培养

自转型以来，为增加科技人才的数量，提高科技人才的质量，俄罗斯先后颁布了250多项教育方面的法律法规或文件，内容涉及高等教育所有制、资助机制、人才培养机制以及最高学位评审制度等方面的改革，例如，《高等教育领域国家政策的基本原则》《俄联邦教育法》《俄罗斯教育发展纲要》《国家教育标准》《俄联邦高教多层次结构》等。

在高等教育机构所有制方面，苏联时期的公立高校独占形式被打破，私立高校获得发展。俄罗斯私立高校的总数量和占高校总数比重都有很大提升，根据《俄罗斯教育统计文集》的年度数据，1995年，俄罗斯公立高校有569所，私立高校有193所，私立高校总数占高校总数的25.33%；到2002年，公立高校有655所，而私立高校竟增加到384所，私立高校总数占高校总数的36.96%。2010年1月的统计数据显示，俄罗斯当前共有高校1134所，其中，公立高校660所，占58.2%；非公立高校474所，占41.8%。

在高教投资机制方面，俄罗斯也一改最初的国家单一财政投入，实行多元化的高教融资机制。国家杜马规定，自2006年起，政府对教育投入不得低于国家预算总支出的4%。另外，高校除了国家教育投入，可以接受企业、社会组织或个人的资助，也可以通过商业性或非商业性经济活动获得收入，还可以在完成国家招生计划外，另招自费生增加收入。根据《俄罗斯教育统计文集》的年度数据，高校自费生占学生总数的比重从1995年的13.1%增加到2003年的49.1%。这种高等教育的多元融资机制，有利于调动社会各方面的资源，促进高等教育的发展。

在高教人才培养机制方面，俄罗斯也一改原来的单一层次结构，实行双轨层次结构。俄罗斯转型前，单一层次结构包括文凭专家（4—6 年）、副博士和博士三级，但后来实行高教双轨制，在文凭专家这一结构中区分为不完全高等教育（2 年）、学士（2 年）、硕士（2 年），然后再加上副博士、博士两个层级。这将有利于俄罗斯与国际高等教育接轨，同时也方便了学历认证。俄罗斯为体现科技人才培养的灵活性和多元化，允许各高校在两种不同的高教层次结构中进行自由选择。为了进一步促进高教人才培养与国际接轨，俄罗斯于 2003 年签署了《博洛尼亚宣言》，成为"博洛尼亚进程"的第 40 个参与国[1]，为其参与国家竞争和合作提供了有利条件。

在最高学位评审制度方面，俄罗斯不但对"最高学位评定委员会"进行改组，而且也制定了严格的最高学位申请程序，以增强评审的科学性和严谨性。该委员会的主要职能是：监督科学院与高校论文答辩委员会的工作，审查并决定副博士学位授予以及鉴定审批博士学位。对"最高学位评定委员会"的改组表现为：委员会由 51 人组成，俄罗斯科学院、部门科学院[2]和高教系统各占 1/3，其中，31 人为俄罗斯科学院和部门科学院院士。该委员会下设自然和工程技术科学、医学生物学与农业科学、人文社会科学、国防科技 4 个部门。

在最高学位申请方面，副博士申请程序为：先由申请者在所在单位的专业论文答辩委员会组织公开答辩，由所在高校或科研机构审批通过后，再上交"最高学位评定委员会"审查决定同意与否；博士申请程序为：先由申请者在所在高校或科研机构的专业论文答辩委员会进行公开答辩，通过后再向"最高学位评定委员会"的相应学科鉴定委员会提出申请，通过后再上交"最高学位评定委员会"审批。

因此，俄罗斯也获得了较高的高等教育水平。俄罗斯的高等教育

---

[1] 该进程为实现欧洲统一的高等教育资格认证的高教改革计划，这样，以整合欧洲各国的教育资源，提高其竞争力。

[2] 部门科学院包括农业、医学、教育、建筑设计、艺术等科学院。

总入学率从1992年的49%上升到2009年的76%。而受过高等教育的劳动力占总劳动力的比重从1992年的16.7%上升到2008年的54%。[①] 这为俄罗斯的科技创新促进经济增长积累了大量的人力资本。

当然，俄罗斯对科技创新人才的培养和激励也存在诸多问题，主要表现在：短期内密集立法导致不协调，不少法规流于形式；对重工业、军工企业和核工业等领域的产业结构调整导致该领域的人才失业严重；不看实际贡献而更多地看个人职称、学历和行政职务的人才评价机制等。再加上俄罗斯转型期政治经济的不稳定，因此，导致了大量的人才外流、转行。

（二）俄罗斯高校对科研的促进

随着转型的进行，俄罗斯在一些高校成立了科研机构，如科研中心等。根据2008年俄联邦统计局公布数据，高校有科研机构500个，占科研机构总数的12.6%。但整个科研中心的产出并不高。一般大学科研中心与主要从属于俄罗斯科学院、联邦研究型大学的学术科研中心相比，学术表现还是要差很多。在一般大学科研中心中，年轻人所占比重相对较低，通过国外杂志和国外会议的出版物，可以发现其从事的国际研究成果比较少，且国外经费来源也相当低。

另外，对于高校实验室的巨额补贴对科研产出产生了积极的作用，更加注重英文，研究团队在科技成果方面也更加高效，实验室的研究行为文化开始逐步转变，而不是仅停留在一定职务和职称的荣誉上。通过对大学实验室的巨额补贴形成了一种良好的竞争环境，吸引国内外优秀的科技专家，在一定程度上提高了俄罗斯的科研水平。

政府对建立的研究型大学的支持重点也已经转向研究和创新，而非教育活动。授予高校研究型大学的目的在于确保为高新技术研制提供人才培训并推动科学研究，尤其是应用研究和研究成果的商业化。

（三）俄罗斯高校与企业的合作

转型以来，俄罗斯在高校建立新的机构或中心。到2003年前后，俄罗斯共创建了10个地区创新中心、12个科技企业家活动的地区级

---

① 世界银行网站。

服务中心、16个针对创新企业家提供地区性专家培训中心与72个大学科技园。俄罗斯部分技术创新中心就建在大学的科技园中,如莫斯科大学、圣彼得堡电工大学等。俄罗斯高校不但加强了与企业的联合,而且还自己创建小企业,建成约1500家创新型小企业。

然而,"俄罗斯高校在研发活动中的比重过低,学术研究与企业生产脱节的问题并未改变"。[1] 大学应是重要的研发主体,西方发达国家先进产业与高校科研人员以及实验室密切合作。与研究导向的学术研究相比,这种产业导向的学术研究更易得到经济界的长期支持。然而,自转型以来,"俄罗斯开展研发活动的大学仅占5%,而欧盟国家该比重为21%,美国和日本达到14%—15%。1990—2001年大学数量从453所下降到388所,其中,仅有40%的大学从事科研活动,新建的私立大学则完全没有科研活动"。[2]

三 俄罗斯企业的技术创新地位

市场经济有利于技术创新的发展。在市场经济条件下,企业成为自负盈亏的市场主体,要想在激烈的市场竞争环境中生存和发展,就要不断地开发新产品,降低生产成本,提升产品质量,提高生产效率,以取得市场竞争的比较优势,这些都需要企业通过技术创新来实现,因而企业也应该是技术创新的主体。

在苏联时期自上而下的垂直管理体制下,包括对企业的绩效评估都是上级主管部门按照计划完成的情况对企业进行奖惩,企业没有自己独立的经济利益和主体地位,因此,难以产生科技创新的内在要求,企业科研非常薄弱。并且苏联的企业科研机构规模一般较小,研发能力弱。然而,俄罗斯市场化转型之后,初步建立了市场经济框架,但是,由于多数企业陷入困境,企业科研未能充分发挥积极作用。从近些年企业的技术创新状况来看,企业科研处于提升之中,尽管有一定的发展,但企业并未发挥出技术创新主体的作用。

---

[1] 戚文海:《经济转型国家的创新体系评析——以俄罗斯为研究案例》,《俄罗斯中亚东欧研究》2005年第5期。

[2] [俄]果赫别尔戈:《"新经济"条件下的俄罗斯国家创新体系》,《经济问题》2003年第3期。

目前，俄罗斯具有从事研发能力的企业比重仍然不高。"在创新体系高效率的国家，企业特别是生产型企业（第一、第二产业的企业），是直接将知识转化为产品的组织，是创新活动中的主体，而俄罗斯的生产型企业在研发投入中的作用却非常小。2000年，工业企业在研发支出中的比重仅占6.2%，或占企业研发支出的8.7%。"[1] 这远远低于典型创新型国家生产性企业的研发支出。"以芬兰为例，1993年，芬兰的企业研发支出为62亿芬兰马克，其中，工业企业占全部研发的49.2%。考虑到芬兰的农业比较发达，因此，农业在企业研发投入中也应占一定比重，这样，服务业企业在所有企业的研发投入中应占很少比重。"[2]

与转型初期相比，俄罗斯企业研发投入总量有很大增长，并且占企业总成本的比重也有很大增加。但是，俄罗斯企业来源的研发投入占整个国家的研发投入比重一般为30%左右，而典型创新型国家的企业研发投入一般占整个国家研发投入的70%左右，与典型创新型国家有很大差距。并且，俄罗斯企业的创新投入在不同行业之间差异很大，创新活动主要集中在少数行业，而且创新费用多用于购买机器设备。根据俄罗斯联邦统计局的数据，2005年，俄罗斯加工工业的技术创新投入为1073.575亿卢布，金属以及金属制品生产为262.469亿卢布，采掘工业、能源类采掘、食品加工、交通工具一般为100亿—200亿卢布，而像化工、机械设备制造、电子工学等技术密集型行业投入均在90亿卢布以下。就企业创新费用的使用状况来看，企业约有一半的创新费用主要用于进口机器设备，尤其是通信行业，而并非创新新产品，如表5-1所示。与2008年相比，2009年，俄罗斯企业购买机器设备占总成本的比重下降幅度很大，从2007年的58.5%下降到51%。

---

[1] 张寅生、鲍鸥：《俄罗斯科技创新体系改革进展》，《经济社会体制比较》2005年第3期。

[2] Sirkka Numminen Group for Technology Studies, "*National Innovation Systems: Pilot Case Study of the Knowledge Distribution Power of Finland: Report of the First Phase of the Work for the OECD and for the Ministry of Trade and Industry of Finland*", January, 1996.

表 5-1　　　　　　　俄罗斯企业创新活动主要指标

年份	创新企业数量	技术创新投入（百万卢布）	研发投入占总成本比重（%）	购买机器设备占总成本比重（%）
2006	2830	211392.7	17.8	55.4
2007	2828	234057.7	16.5	58.5
2008	2908	307186.9	14.1	59.0
2009	—	399122.0	24.9	51.0

资料来源：Gaidar Institute,"*Russian Economy*: *Trends and Perspectives* (2010)", Moscow: Gaidar Institute for Economic Policy, 2010。

俄罗斯企业的总体研发创新能力不强，不注重产品研发。企业的研发包括科技的基础研究、应用研究和实验开发，因此，这三个方面的能力也就决定着企业的研发能力。俄罗斯工业企业研发机构数量1990年为449个，1999年竟然减少到289个（根据《俄罗斯统计年鉴》的数据，相当于100个企业中仅有1个研发机构[①]），2008年为265个。俄罗斯仅有10%的企业从事科研，2.5%的企业从事项目咨询，15%的企业从事产品试验。事实上，俄罗斯仅有5%的企业能够生产现代市场意义上的产品，这使专利申请数持续减少，居民专利申请量从1992年的39494件减少到1997年的15106件，尽管自1998年之后开始在逐步增加，2015年达到29269件，但仍未达到转型前的水平。在俄罗斯，仅有5%的企业使用最新科学成果，而发达国家的这一指标为80%—87%。

俄罗斯企业总体创新不足，在创新方面，越来越依赖采用外部创新产品。"然而，大约30%的公司报告说，它们采用的创新战略是全部模仿或者部分模仿，而完全依赖新产品或技术引进的公司仅占11%。"[②] "2001年，全俄罗斯创新企业为2532个，占企业总数的9.6%，主要集中在农机制造、燃料、印刷等行业，这些行业占从国

---

① ［俄］俄罗斯国家统计委员会：《俄罗斯统计年鉴》，2000年。
② 程如烟：《推进制度和政策改革，提高俄罗斯创新绩效》，《全球科技经济瞭望》2000年第8期。

外获得技术总量的65%以上，这无法与欧盟国家50%的比重相比。"①
"在使用新技术的行业中，仅有计算信息设备行业和电力产业使用新技术较多，分别为技术使用总量的26%和41%。"② 2006年，俄罗斯创新企业为2830个，占企业总数的9.4%。并且，俄罗斯创新企业总数开始增加，已经从2001年的2532个增加到2008年的2908个。

俄罗斯企业间的技术合作关系不强。大量技术创新的完成是依据不同组织间的大力合作而实现的。企业间的合作不仅使其获得更多的技术资源，实现人才和技术互补，而且获得规模效益，因此，技术合作企业新产品的总销售份额也较高。然而，转型以来，俄罗斯参与合作创新的企业比重在不断下降，不少企业引进技术不过是为了确定本企业在行业内的市场垄断地位，很少与同行企业建立合作机制，如1995年，有43%的企业参与合作创新，而到1999年，该比重仅为26%。③ "1999—2001年，俄罗斯仅有35%的创新是同其他机构合作完成的。1100个机构中超过60%处于很低的协作水平或完全没有协作。"④

另外，俄罗斯企业的国际合作与竞争不足，世界创新市场对俄罗斯而言几乎是封闭的。这不利于俄罗斯科技创新的实现。"2001年，俄罗斯企业间合作项目总数为7229项，其中，6676项（占92.4%）在俄罗斯境内完成，仅有4.3%是与远邻国家合作完成的，3.4%是同独联体和东欧国家合作完成的。有14.1%的科研机构参与了与远邻国家的合作研究。"⑤ 另外，俄罗斯多数工业部门主要依靠进口技术来生产新产品，对世界技术市场的依赖性不断增强。"2001年，俄罗斯工

---

① ［俄］果赫别尔戈：《"新经济"条件下的俄罗斯国家创新体系》，《经济问题》2003年第3期。
② ［俄］库拉金：《部门的科技潜力：组织的创新积极性》，《预测问题》2004年第1期。
③ 同上。
④ 戚文海：《经济转型国家的国家创新体系评析——以俄罗斯为研究案例》，《俄罗斯中亚东欧研究》2005年第5期。
⑤ ［俄］库拉金：《部门的科技潜力：组织的创新积极性》，《预测问题》2004年第1期。

业的对外技术贸易净出口为 90.178 亿卢布，主要工业部门的净出口均为负值。"[①]

总之，俄罗斯积极创新的企业总量不足，从事技术创新研发能力不强，经济外向化程度低。

第二节 俄罗斯科技体制转型中的科技创新机制分析

一 俄罗斯科技创新的长期预测与战略规划

对于科技创新的长期预测与战略规划，当然是发挥政府的宏观调控职能，属于政府计划调节，但这并不意味着科学完全失去自主地位。政府对科技活动的介入，应该只是宏观层面对科技创新活动进行必要的干预，这种干预也就是政府计划调节，是对科学活动"自由"的必要约束。对科学进行宏观调控既是必要的，也是可行的。否则，拒绝计划的科学，其发展必然是盲目的、无序的，它不可能得到国家和公众的持续支持，尤其是对基础研究和重大应用项目的研究。因此，科学要想取得长足的发展，科技创新置于政府的正确计划调控之下是必要的。典型创新型国家的经验表明，通过国家重大科技计划确定战略性、关键性、前瞻性的技术领域是有效带动产业升级，实现经济结构优化、关键技术创新跨越的重大举措，如欧盟的尤里卡计划、伽利略计划、航空、航天以及核能联合研发计划等科技框架计划，美国的星球大战计划、新航天飞机计划、氢能技术计划、纳米技术计划等。

（一）俄罗斯科技创新的长期预测

俄罗斯认为，科技创新的长期预测是开展创新战略研究与进行优势领域选择的基础。因此，要对科技创新进行长期预测（20—30年）并对可能产生的经济效果进行研究，由专家学者结合实际的科技创新进展，每4—5年对其进行一次调整与延伸，为俄罗斯制定中长期科

---

① ［俄］巴拉次基：《工业的创新领域》，《经济学家》2004年第1期。

技创新发展规划提供重要依据。例如，2000年5月的《俄罗斯2030年和2050年前的核动力发展计划》、2004年的《俄罗斯2030年前的创新发展战略》等。

另外，还有2007年俄罗斯政府制定的《俄罗斯2025年前科技长期发展预测》。2009年9月，俄罗斯教科部推出的《俄罗斯2030年前科技长期发展预测》，目的在于揭示若干年后俄罗斯关键技术领域、基础技术以及新技术发展趋势，确定俄罗斯创新企业在国内外市场的近期与远期目标，评估俄罗斯关键技术与其他技术领域在国内乃至世界经济中的适应性和风险性。

（二）俄罗斯科技创新的战略规划

在科技创新预测的基础上，俄罗斯地区和部门行业制定了中期（3—5年）、长期（10—15年）的科技创新的战略规划，以引导包括私人部门在内的社会各经济部门的创新发展。长期战略规划和长期预测一样，每4—5年对其进行一次调整与延伸，而中期科技创新战略规划则每年都要进行调整。

俄罗斯制订了很多促进科技创新发展的联邦专项计划，如《1999—2005年俄航天计划》《俄罗斯至2015年及未来科技创新发展战略》《2006—2015年俄航天计划》《至2015年航空工业发展战略》《2002—2006年俄科技发展重点研发专项计划》《2002—2006年俄国家技术库联邦专项计划》《2002—2006年俄科学与高等教育一体化专项计划》《2002—2010年电子俄罗斯专项计划》《2002—2010年以及至2015年俄民用航空技术发展专项计划》《2006—2015年俄生物技术发展计划》《2007—2012年俄科技发展重点研发专项计划》《2008—2010年俄纳米工业发展专项计划》《2007—2011年国家技术专项计划》《2008—2015年俄电子元器件与电子工业专项计划》，等等。

2011年12月，俄罗斯政府批准了《2020年前俄罗斯创新发展战略》，该战略提出，俄罗斯在2011—2013年的主要任务是提高并激励企业创新意识，自2014年起进行大规模军备重组和对工业进行现代化，形成国家创新体系，提供财政激励，吸引创新领域的科学家、企业家、专业人士等人才流入，并计划对公共部门进行现代化，建立"电子政府"，应用现代技术，以及将大多数公共服务转换为电子形式。这不但有利于降低政府的运行成本，同时也可以增加政府公务的透明度，有利于预防腐败，为科技创新提供好的发展环境。

俄罗斯科技发展的长期预测与战略规划构成了俄罗斯创新战略和进行优势领域选择的基础，为科技创新发展提供方向指引。不但是国家部门和执行机构所必需的，同时也为私人部门的投资方向提供了引导，有助于产学研合作创新局面的形成。

二 俄罗斯科技创新的融资机制

科技创新的实现离不开资金的投入。在基础创新阶段，一般是由国家预算进行资助，在扩散创新阶段则由预算外资金进行补充。因此，一国要想出现活跃的科技创新，需要多渠道的融资机制。对于科技创新融资来源，俄罗斯采取政府投资、企业投入、风险投资等渠道实现。

（一）俄罗斯政府对科技创新的资助

转型初期，由于经济严重下滑以及过分相信市场万能，俄罗斯显著降低了科研经费支出。但是，随着经济的恢复性增长，俄罗斯政府对科技创新的财政支持持续增长，2005年，政府预算经费投入为30亿美元，2006年为39亿美元，2007年达到53亿美元。

俄罗斯政府对于科技投入，除了采取直接的财政拨款，还采取了竞争性的基金资助机制。正如前文所述，所设立的基础科学基金、人文社科基金在保护俄罗斯科技创新潜力进而促进科技创新发展方面发挥了一定的积极作用。截至2008年，基础科学基金资助总规模达到7800万美元，资助了1500多个科研单位近20万学者；资助约2万名俄学者出国参会，约9000个出版项目和3000多种书籍，举办7000多次科技会议和论坛，同俄罗斯4000多个单位的学者建立了互动关系。1995—2006年，俄罗斯人文社科基金共资助了13210项研究项目，出版3710部书籍，807项考察实验计划，1586次学术会议，1794次国外参会，330项基础建设项目。

同时，所设立的促进科技小企业发展基金也在一定程度上促进了小企业发展。国家对科技预算的分配政策也正朝着竞争性融资方向发展，但最近几年对民用科技拨款的规模在逐年下降。截至2010年1月1日，该基金共收到1.8万多项申请，其中，获得支持的有6500多项，大部分来自俄罗斯，极少部分来自独联体国家。该基金向其提供贷款，贷款贴现率不超过中央银行贴现率的一半。该基金资助的企业已开发出3500多项专利和发明，生产产品价值60亿卢布，是政府资助总额的1.8倍。

联邦财政拨款基金除基础科学基金、人文社科基金和促进科技小企业发展基金外，还有联邦生产创新基金。该基金每年从科研经费预算中提取1%，主要用于对促进经济社会发展的高新技术项目进行投资支持。

这种以竞争的方式来实现对预算资金的分配是有利于科技创新发展的。因为这种竞争机制会促进选择做好的研发项目，并且渠道是相对进步和透明的。然而，自2010年资助基础科学基金与人文社科基金，总额却首次被削减。

通过对典型创新型国家建设经验分析，可以发现，在一国经济发展初期，研发强度[①]一般在0.5%—0.7%；在经济起飞阶段，该比重上升到1.5%左右，进入稳定发展期则在2.0%以上，前两个阶段政府投入要占主导地位，因此，要保持政府投入为主。2009年，俄罗斯的研发强度为1.25%，经济发展进入起飞阶段，因此仍要加大政府投入。[②] 即使企业研发投入被调动以后，政府来源比重会下降，但总额反而会上升，尤其是对基础研究的支持。总之，俄罗斯政府对科技创新的实际拨款资助仍有限，如对小型创新企业的资助每年仅400家，资助金额约为18亿卢布。这些都决定了俄罗斯政府对发展创新经济的支持难以在短时期产生更大、更积极的创新效应。

---

① 研发强度即研发投入强度，具体计算方法为：一国研发经费支出占国内生产总值的比重，用公式表示为：研发强度＝（研发经费支出/GDP）×100%，该指标已经成为衡量一国经济发展潜力与国际竞争力的重要指标。

② 对于俄罗斯研发强度变化趋势的论述详见王忠福、冯艳红《创新型国家目标下俄罗斯研究与开发强度变化趋势研究》，《俄罗斯中亚东欧市场》2012年第4期。

(二) 俄罗斯国内风险投资基金对科技创新的资助

根据国外经验分析，通过风险投资基金的参与，促进高新技术产业的增长，通常要比政府直接投资分配更加成功。直接投资分配容易受政治动机影响，因此效率不高。

事实上，1990 年促进企业进行创新的风险投资基金就已经出现，目前已有几十只。1999 年，俄罗斯科技部制定了《科技领域风险投资的主要发展方向》。2002 年，俄罗斯政府制定了《风险投资企业发展构想》，提出将风险投资基金引入科技创新领域。通过俄罗斯风险投资协会数据可以发现，俄罗斯风险投资总额为 4.27 亿美元，占国内生产总值的 0.04%。但风险投资对象并非初创企业，而是多数为成熟企业。就行业而言，风险投资对象主要在于金融投机与原材料出口，而支持中小企业科技创新与高新技术项目的风险投资资金比较少，2005 年，对高新技术企业的投资只达到 0.627 亿美元，并且俄罗斯风险投资主要依靠外资。为弥补这方面的不足，2004 年，俄罗斯建立风险投资基金，2006 年又划拨 150 亿卢布（约 5 亿美元）正式组建国家风险投资基金，投资领域主要是非政府投资基金所不愿涉及的中小企业科技创新和高新技术项目。俄罗斯这种由政府补贴参与建立风险投资基金是学习的以色列的 YOZMA 模式。[①]

然而，在说到俄罗斯风险投资企业的发展时，应当指出的是，在股市和大型高科技企业发展不完善的情况下，高科技项目融资的风险资本基金过度集中，对科技创新融资效果不明显。根据俄罗斯直接和风险投资协会（RADVI），国家创建的大多数风险资本基金（目前约有 155 家）主要是直接投资基金。它们投资于消费市场后期发展，并且在首次在市场上发行股票（IPO）上的投资非常低。这些都充分说明俄罗斯科技创新的风险投资市场发展还不成熟。究其原因，就风险

---

① YOZMA 基金是 1993 年 1 月由以色列政府拨款 1 亿美元设立的风险投资基金，目的是通过杠杆放大，引导民间商业性风险投资的参与，同时培养创业投资专门人才。到 1998 年，以色列成立了有 90 余家风险投资基金，总规模达到 35 亿美元，极大地推动了高新技术产业发展。2000 年，政府全部退出，当年融资达到 GDP 的 2.7%，是所有国家中比重最高的。

投资需求而言，这一方面源于俄罗斯不少企业对于风险投资缺少了解，另一方面也和大部分企业不愿意失去控制权有关。根据2004年俄罗斯风险投资协会的调查，寻求外部融资的企业仅有13%寻求风险投资的帮助。对于企业的控制权，俄罗斯3.5%的企业家愿交出51%的企业股份，9%的企业家愿交出26%的企业股份；就风险投资的供给而言，由于金融市场发展缓慢，导致风险投资者不能灵活退出，同时，还要缴纳资金提供和管理服务的双重税等，都极大地影响了俄罗斯风险投资的发展。

（三）国外基金对科技创新的资助

由于国内科技创新资金的不足，俄罗斯开始逐步接受国外科学基金的资助。国外科学基金在俄罗斯设有机构，对俄罗斯的资助一般每年达到1.5亿—2亿美元。为了促使俄罗斯科技导向的军转民，防止人才外流，建立公民社会，支持社会科学发展并影响俄罗斯的学术研究方向，主要有福特基金、索罗斯基金、麦克阿瑟基金、斯宾塞基金、欧亚基金等向俄罗斯大量投入资金。2004年，新欧亚基金成立，整合了俄罗斯王朝资金、欧洲马达基亚加基金等，其基本目标就是支持加强俄罗斯公民社会，促进俄罗斯融入国际社会，对俄罗斯科学和创新项目进行支持，预算基金每年超过1000万美元。自俄罗斯转型以来，外国基金组织对俄罗斯的资金投入超过40亿美元，索罗斯基金就达到1.3亿美元。据统计，较成功的研究所约25%的资助来自国外，1/3的基础研究与国外进行合作，在物理学和生物学等领域的研究更是如此，国外资金甚至能占70%—80%。

国外资金在一定程度上缓解了俄罗斯科技创新危机，有助于其在最艰难时期保持科研潜力，防止人才流失，推动创新发展。但是，这些基金也通过对其资助在一定程度上影响了科技创新的发展方向，并影响到俄罗斯社会发展进程以及社会意识形态。

（四）俄罗斯科技融资结构变化态势

从科技研发投入的融资来源来看，俄政府预算拨款一直是其主要来源，一般能占60%—70%，而本应该成为研发主体的企业来源最高不超过36%。在科技体制转型过程中，企业来源的研发投入在2005

年之前还能维持到 30% 以上，但在其之后所占份额下降到 30% 以下。由于多种原因，企业对研发的投入的积极性并没被调动起来，这当然也与俄罗斯，经济发展阶段有关，也与政府逐步加大对科研的投入有关，目前仍需要俄罗斯政府加大科技投入，具体如表 5-2 所示。

表 5-2　　俄罗斯和美国两国科技研发投入的不同融资来源（1994—2016 年）

年份	研发投入占GDP比重 俄罗斯	美国	政府投入比重（%） 俄罗斯	美国	企业投入比重（%） 俄罗斯	美国	其他投入比重（%） 俄罗斯	美国	其他国家投入比重（%） 俄罗斯	美国	世界其他地区投入比重（%） 俄罗斯	美国
1994	0.78	2.32	62.3	37.0	35.3	58.5	2.4	4.5	0.5	4.5	2.0	—
1995	0.79	2.40	61.5	35.4	33.6	60.2	4.9	4.4	0.3	4.4	4.6	—
1996	0.90	2.44	62.1	33.2	31.5	62.4	6.4	4.4	0.8	4.4	5.6	—
1997	0.97	2.47	60.9	31.5	30.6	64.0	8.5	4.5	1.0	4.4	7.4	—
1998	0.89	2.50	53.6	30.3	34.9	65.2	11.5	4.5	1.3	4.5	10.3	—
1999	0.93	2.54	51.5	28.4	31.6	67.1	17.3	4.5	0.4	4.6	16.9	—
2000	0.98	2.62	54.8	26.2	32.9	69.0	12.3	4.8	0.4	4.7	12.0	—
2001	1.09	2.64	57.2	27.8	33.6	67.2	9.2	5	0.5	5.0	8.6	—
2002	1.16	2.55	58.4	29.8	33.1	64.5	8.5	5.7	0.4	5.7	8.0	—
2003	1.19	2.55	59.6	30.8	30.8	63.3	9.6	5.9	0.6	5.9	9.0	—
2004	1.07	2.49	60.6	31.8	31.4	62.6	8	5.8	0.4	5.8	7.6	—
2005	0.99	2.51	62.0	30.8	30.0	63.3	8	5.9	0.5	5.9	7.6	—
2006	1.00	2.55	61.1	29.9	28.8	64.3	10.1	5.8	0.7	5.9	9.4	—
2007	1.04	2.63	62.6	29.2	29.5	64.9	7.9	5.9	0.7	6.0	7.2	—
2008	0.97	2.77	64.7	30.4	28.7	63.5	6.6	6.1	0.6	6.1	5.9	—
2009	1.16	2.82	66.5	32.7	26.6	57.9	6.9	9.4	0.5	6.6	6.5	2.9
2010	1.05	2.74	70.4	32.6	25.5	56.9	4.1	10.5	0.6	6.7	3.6	3.7
2011	1.01	2.77	67.1	31.3	27.7	58.4	5.2	10.3	1.0	6.6	4.3	3.8
2012	1.03	2.69	67.8	29.6	27.2	59.5	5	10.9	1.0	6.8	4.0	4.1
2013	1.03	2.72	67.6	27.5	28.2	61.1	4.2	11.4	1.2	6.9	3.0	4.5
2014	1.07	2.73	69.2	25.9	27.1	62.0	3.7	12.1	1.2	7.0	2.5	5.1
2015	1.10	2.74	69.5	25.5	26.5	62.4	4	12.1	1.4	7.1	2.7	5.0
2016	1.10	2.74	68.2	25.1	28.1	62.3	3.7	12.6	1.0	7.4	2.7	5.2

资料来源：http://stats.oecd.org/Index.aspx。

三 俄罗斯科技创新的政府采购、税收、补贴机制

（一）俄罗斯科技创新的政府采购机制

市场需求可以有效地拉动企业技术创新的实现。政府对科技创新产品的采购可以为企业创新产品提供更大的市场空间，同时降低科技创新市场方面的不确定性。因此，政府采购有利于促进企业创新的实现。为了促进科技创新发展，2002年12月11日，俄罗斯政府通过了《俄联邦科技投资政策的基本方向》，国家将改变对科技的垂直管理模式，确定国家技术采购的基础是国防订货、联邦目标计划和国家装备计划。2005年7月21日第94号《关于商品交付、工程实施、公共和市政需求公共服务的命令安排》联邦法令对国家采购做了法律规定。2003—2006年，就有7—9家单位通过公开竞标的方式与政府签订了2000万美元的国家创新项目的政府采购合同。2010年11月，俄罗斯总统签署了《关于为国家和市政需要提供商品、完成工作、提供服务的订购分配联邦采购法修正案》，旨在降低中小企业参加政府采购招标的保证金额度，从原来不超过最高价的5%降低到2%。这有利于中小企业有更充足的资金从事技术创新。

但是，俄罗斯采取以自主创新产品认定为核心的政府采购模式，政府采购优惠政策只针对进入《创新产品目录》中的创新产品，即为市场上现有的创新产品。这种模式的政府采购对创新的拉动作用集中于创新链的末端，而对企业的研发激励相对有限。

政府采购有利于促进企业创新的发展。如俄罗斯对国防军工品的采购极大地推动了军工产品的生产。大部分国防采购任务几年前就分配下去了，这大大改善了军工企业的发展条件。[①] 根据俄罗斯专家的评估，仅使用最新武器设备俄罗斯军队就能极大地推动国防工业企业超常发展，进而为整个俄罗斯经济发展带来强大的倍增效应。

（二）俄罗斯科技创新的税收机制

税收减免优惠政策为科技创新的实现提供了财政激励，有利于促进新技术的商业化及其推广应用。为促进科技创新，俄罗斯先后制定

---

① 2011年梅德韦杰夫国情咨文。

了各种税收优惠政策以鼓励高新技术发展、扩散和出口。1998年5月18日,《1998—2000年俄罗斯科学改革构想》通过,强调通过税收优惠鼓励创新;2006年7月27日,《关于民法第二部分在信息技术领域对纳税人有利的税收条件以及旨在提高税制效率的措施的引进》通过;2007年1月底,《关于民法第二部分为资助创新活动创建有利的税收条件的修正案》被批准,设想有5项修正案应纳入民法;2011年5月20日批准的《2011年和2012—2013年税收政策基本方向草案》规定,对于从事创新活动的企业保险缴费总税率降至14%,对斯科尔科沃中心实行专门的税收制度;2011年7月制定《俄联邦税法第二部分第251条关于研究、科技创新活动支持的法律地位基础》,10月1日生效,简化税制。

就科研机构而言,税收优惠的作用巨大,几乎可以等同于国家拨发的科研经费。据俄罗斯科技专家估算,税收优惠每年达到85亿—90亿卢布(其中,增值税24亿卢布,土地税60亿卢布;利润税2亿卢布等),相当于国家科学年底预算的75%—80%。

俄罗斯税收优惠主要针对引进高新技术、享有科研成果收入的已形成科技实力的企业;而对于技术落后而亟待技术改进升级和正进行科技研发的企业则优惠不足。同时,俄罗斯税收优惠的地区性明显,如一些工业园区内的企业不但在一定时期内享受免税,而且在免税期过后也可享受更低的税率。这样带来的后果则是不利于同行业企业的平等竞争,还可能带来税收腐败。

(三) 俄罗斯科技创新的补贴机制

同政府对科技创新产品的采购、税收减免优惠政策一样,补贴对科技创新的实现也提供了财政激励,有利于促进新技术的商业化及其推广应用。正如前文所述,俄罗斯对大学实验室进行了巨额补贴。通过对大学实验室的巨额补贴,形成一种良好的竞争环境,吸引国内外优秀的科学家,提高俄罗斯的科研整体水平。这对科研产出产生了积极的作用,研究团队在科技成果产出方面也更加高效,实验室的研究文化开始逐步转变,而不是仅停留在一定职务和职称的荣誉上。

另外,欧盟第七框架下的针对性补贴。俄罗斯对企业研发进行了财政补贴，仅此一项，2010年就达到700亿卢布，约合25亿美元。对于斯科尔科沃中心的企业，根据其不同的发展阶段，也进行财政补贴。俄罗斯的补贴机制在某种程度上促进了企业技术创新。

四 俄罗斯科技创新的法制保护机制

科技创新活动由于其公共产品性质、高风险等特点，需要知识产权保护等方面的立法调控。俄罗斯在市场化经济转型初期对创新活动的立法调控严重不足，近年来，对创新的法律调控有一定的改善，但需要进一步完善促进创新活动的法律，以为科技创新的实现营造良好的法律环境。

（一）俄罗斯知识产权保护的立法发展

知识产权对一国科技创新的发展至关重要，正逐步成为影响发展中国家实现经济赶超的最不稳定因素。只有努力培养出一批拥有自主知识产权的优势企业，才能提升国际竞争力，促进创新经济的发展，进而实现经济增长方式的根本改变。因此，俄罗斯逐步强化知识产权的保护，以有效利用各种智力潜力、新知识，以保证国家经济持续稳定发展。

在苏联时期，一切知识产权归国家所有，发明人只能得到一纸发明证书。这意味着，一则对发明专利缺乏有效的激励；二则专利发明技术因国家或集体对其使用，缺乏竞争，导致技术的生产应用时间长，不能迅速转化为生产力。据统计，美国从专利申请批准到首次使用所用时间不到一年，苏联需要4年左右。该现象一直延续到俄罗斯转型初期，严重制约了发明创造以及技术创新的实现。

转型以来，俄罗斯面对知识产权法规的缺失，政府先后出台了保护知识产权的法律法规和条例，以调整各方关系。俄罗斯政府1998年5月18日通过《俄罗斯1998—2000年科学改革构想》，以完善知识产权法规，建立完善的科技法制基础。2001年12月3日，普京会见俄罗斯科学院成员时指出，必须使经济由资源型经济向创新型经济过渡，建立国家创新体系，使技术市场文明化，保护知识产权。2002年2月，俄罗斯修订了《俄联邦商标法》。2003年2月，俄罗斯颁布《俄联邦专利法》。2003年10月，俄罗斯又颁布了《确保保护知识产权的措施》。

2005年8月，俄罗斯政府批准的《俄联邦2010年前创新体系政策发展基本方向》再次强调，要强化知识产权保护，要大幅度提高知识产权成果商业化的比重，确立知识成果产业化的国家支持系统，以促进新知识新技术的推广和应用。2005年11月17日，俄罗斯政府颁布《关于科技成果支配权》法令，终止国家与科技机构间的产权关系，以赋予科研机构对科技成果更大的自主权，促进科技成果的商业化。2006年11月，通过《民法典》修正案。俄国家杜马通过了主要涉及知识产权政策的《民法典》第四部分第7条"智力活动成果权利和个体化方法"的修正案，首次将所有知识活动成果列入被保护范围，该修正案显示了俄罗斯对知识产权流通管理、规范立法以及向国际标准看齐的决心。2006年11月，俄罗斯实施《对联邦财政支持的民用科学研究、试验设计和技术工作成果的保护和利用进行监督的条例》，通过该条例的实施，对由联邦财政支持的科技成果的保护、保障国家对这些科技成果拥有的权力和利益进行分配或加强，以及进行成果统计等工作提供法律依据。

俄罗斯加强对知识产权立法保护，有利于将智力活动成果作为非物质商品纳入经济循环中，既保护了发明者的知识产权，提高了科研动力，又刺激了技术发明商业化进程，对于促进科学创新和技术创新，实现活跃科技创新的出现将起到巨大的推动作用。根据2011年与2012年度的《全球竞争力报告》，2011年，俄罗斯知识产权保护在全球142个国家中排在第126位，2012年有一定进步，在全球144个国家中列第125位。

（二）俄罗斯科技创新的其他立法保护

俄罗斯自转型以来，除了对知识产权加强立法保护，在其他方面也制定了相关法律法规。1995年，俄罗斯总统叶利钦提出，为保证科技创新项目的发展，俄联邦政府应制定相应的创新法律文件，以保证科技领域实现更多的融资，调动科研机构企业创新的积极性。同年3月2日，俄总统科技政策委员会成立，该机构除负责向总统通报俄罗斯国内外科技发展状况并提出有关科技政策与优先发展方向之外，还要分析审定交总统签发的科技立法草案。1996年6月13日，俄罗斯颁布了由俄科技部"科学与统计中心"专家撰写的《俄罗斯科学发展方略》。该方略是俄罗斯科技专家在总结西方国家科技发展的基础上的理论研究成果，为俄罗斯首部科技政策法律的制定奠定了理论基础。1996年8月23日颁布《科技法》，这是俄罗斯首部关于科学与国家科技政策的联邦法，首次以法律的形式明确规定了国家科技政策的概念、基本目标和原则，确立其所具有的俄罗斯科技政策总纲领的地位，即俄罗斯科技领域的"宪法"，之后每两年修订一次。俄罗斯科技发展开始走向法制化轨道。

1999年6月，俄罗斯政府颁布了《关于创新活动和国家创新政策法》。2001年年底，俄总统普京宣布成立总统科学与高技术顾问委员会，该机构直接服务于总统，专门负责审查科技领域相关法律法规并制定科技优先发展方向，该机构的成立既加强了政府对高科技发展的直接、有效的领导，又保证了科技创新在法律调控下运行，为科技创新提供法制保证，有助于法律法规体系的逐步完善，并营造良好的法制环境。2002年，颁布《电子计算机程序保护法》。2004年3月9日，俄罗斯成立教育科技部，除了负责制定国家科技政策，还要制定与教育、科技、创新活动、知识产权、培训、社会支持和保障等领域相关的法律法规。2004年8月30日，成立俄罗斯科技与教育委员会，负责联邦法律草案和其他法规的拟订等。2009年就出台了15部技术法规文件，2010年出台40部。到2011年，俄罗斯工业贸易部制定的国家标准就达2.3万项。

俄罗斯通过制定科技领域的法律法规，为俄罗斯的科技创新活动包括科研预算、科研组织的改革、新组织成立、活动提供了相应的法律依据。这促进了科技活动的法制化，有利于俄罗斯科技创新的实现。事实上，俄罗斯对科技创新的立法保护已经取得了很大进步，但执行是其工作的重点与难点。

五 俄罗斯科技创新机构项目的启动

在原来的计划经济条件下，科技创新的运作主要是由政府决定研究项目，然后安排科研机构进行研发，再由政府组织转化，而科技创新的服务机构项目是空白。俄罗斯在市场化经济转型以后，科学城、企业孵化器等科技创新服务机构项目开始成立，并逐步促进俄罗斯科技与经济的有机结合，成为产学研有机联系的桥梁和纽带。

（一）科学城与国家科学中心

1. 科学城

俄罗斯为促进科技创新的发展、完善国家创新体系，建立和发展创新基础设施项目，创建科学城。1997年11月7日，俄罗斯出台了《关于科学城作为科学和高新技术城发展的措施》。1999年9月22日，俄罗斯通过了《关于科学城资格认定和注册细则的决议》，至此俄罗斯也完成了振兴科学城的立法工作。2000年5月7日，俄罗斯总统签署《关于授予奥布宁斯克、卡卢加科学城地位》的法令。2003年1月14日，俄罗斯总统科学和高新技术委员会召开会议，讨论科学城的发展。到2005年年底，俄罗斯有10个城市获得科学城地位。截至2009年，俄罗斯境内注册的科学城有66个，人口约300万，其核心任务是发挥优势，大力推进技术创新活动。

科学城是通过寻求国外投资、政府优惠政策扶植和地方大力推动三者结合的方式来尽快实现科技成果的产业化。科学城内的科研机构不但不用支付土地税和财产税，而且再培训和失业津贴也要由地方财政负担。例如，莫斯科地区预算的30%用于科学城，尽管它只有区域人口的15%。目前，俄罗斯新被授予科学城的地位期限只有5年，因此，其发展比以前更依赖于科技发展的优先领域。这是因为，如果科学城研究的主要方向一旦脱离国家优先领域清单，其科学城地位将被取消。由于俄罗斯优先领域清单约为5年修订一次，因此科学城地位的授予也是5年。

科学城的发展为俄罗斯的科技创新获得一定的国际声誉做出了贡献，吸引了外国投资者，有助于创新企业融资。另外，科学城还可以成为科学、教育和产业发展自然结合的中心。例如，超过70%的科学城有自己的高等教育机构，其研究是教育的一个自然组成部分。同时，科学城在一定程度上稳定了科技队伍，有利于对科研人员的教育培训和其水平的提高，使俄罗斯多年积累的大量科研成果的产业化加速进行，促进所在地科技与经济的有机结合，成为俄罗斯发展高新技术创新的基地。但是，科学城由于受到财力、人力、市场经济、行政环境等因素的制约，也影响到俄罗斯科技创新的发展。

2. 国家科学中心

为了保存和发展国家科技潜力，防止科学流派退化，缩短高新技术的研发和推广周期，也为科研活动创造良好的环境，自1993年以来，俄罗斯通过一系列文件逐步成立国家科学中心，不仅进行基础科学研究，而且更侧重应用科学研究。1993年6月22日，俄罗斯颁布《俄联邦国家科学中心法律地位授予条例》，开始实行"国家科学中心"体制，该中心是国家的重点科研单位（相当于我国的国家重点实验室），所从事的研发计划和纲要都是针对国家级科技及关键工艺的优先方向而展开的，包括13个主要领域。1994年3月29日，俄罗斯科技政策委员会通过《关于赋予俄中央空气动力研究所等单位"国家科学中心"地位》的决定。至1995年2月，俄罗斯先后颁布了9个文件，共授予了61个科研单位"国家科学中心"地位，到2010年，裁减到50个。

俄罗斯通过成立和扶植国家科学中心，在一定程度上防止了高科技人员的流失，保持并提高了国家综合科技实力，并且对俄罗斯的科技体制改革具有导向作用，加强了科技交流和国际合作，改善了集体科研的氛围，提升了俄罗斯科研的国际威望，同时也增加了国家科学中心研究的科技优先发展项目的拨款。这些都有利于基础科学和应用科学的创新和发展。

（二）技术创新中心与经济特区

1. 技术创新中心

俄罗斯的技术创新中心已经成为创新体系的主要环节，专门从事研发成果的完善和商品化经营工作，内部设有信息服务和技术管理人员培训中心。1997年，俄罗斯技术创新中心是在实现科技部、教育部、科技小企业发展基金以及科技发展基金跨部门规划的框架下建立发展起来的，当年投入规划的基金为5000万美元，在莫斯科、新西伯利亚、圣彼得堡、喀山、叶卡捷琳堡等城市共建立8家技术创新中心，其中，5家是在高校科技园基础上成立的，2家是在国防企业，1家是在行业科研生产联合企业基础上成立的，职工人数为3000人。

技术创新中心实际上是由同一个地方的诸多小企业组建的大联合企业，它改建了近1.6万平方米的使用面积，有近170家科技型小企业，从事光电子学、化学和新材料、生物技术和医用设备生产、微电子技术、软件和激光系统、超高频技术等方面的研究生产。1998年，俄罗斯创新技术中心的企业产品销售额达到1.2亿卢布。技术创新中心通过计算机网络与国家科学中心、发达技术园区和其他创新积极的企业及机构相互联通。同时，该中心还开发专家培训系统以培养小型创新企业的经理和技术成果商品化管理人员。

技术创新中心对创新小企业的发展起到了重要的推动作用。其对创新小企业发展的支持也包含贷款方式。但是，其所支持的创新小企业主要是针对发展已经比较成熟的创新小企业，把有限资金花在"刀刃"上，以充分发挥有限资金的最大效用。

2. 经济特区

俄罗斯为促进能源经济向创新经济转变，2005年7月22日，俄罗斯总统签署了《俄联邦经济特区法》，并组建了专门的管理机构——俄罗斯经济特区管理署，为入驻企业提供"一站式"服务。[①]在该法明确规定，俄罗斯创建经济特区的主要目的在于发展加工工业和高新技术产业，同时也为了吸引外资。因此，这也凸显了俄罗斯经济特区的特点，高科技企业备受推崇，专业性很强，类似于中国的高新技术开发区和工业园区。[②]该法颁布之后，当年俄罗斯就有47个地区共提交了72份申请。其中，29份申请为建立技术推广型经济特区，43份申请为建立工业生产型经济特区，经过多层筛选，圣彼得堡市、杜布纳、托木斯克市、泽廖诺格勒、利佩茨克、鞑靼斯坦叶拉布加市

[①] 事实上，俄罗斯的经济特区设想最早出现在20世纪80年代，当时，苏联制定了《国家自由经济区统一纲要》，但由于种种原因，未能实施。而后到20世纪90年代初，俄罗斯曾先后创建了13个自由经济区，但由于优惠政策无法落实而变得名存实亡。

[②] 俄罗斯的经济特区不同于中国的经济特区，与之相比，中国的经济特区体现了综合性、全能型、高科技产业、深度加工工业和劳动密集型产业并存的复合型特点。

首批6个经济特区获批，其中，前4个为技术推广型特区，后2个是工业生产型特区，期限为20年。就位置而言，除托木斯克市特区外，其余5个经济特区均处于俄罗斯欧洲部分。在2006年的《俄联邦经济特区法》修正案中，经济特区除技术推广型和工业生产型特区之外，还拟增设旅游休闲型和港口物流型两种类型的经济特区。截至2011年，俄罗斯已经建立24个经济特区，其中，技术推广型和工业生产型特区各为4个，旅游休闲型特区有13个，港口物流型特区有3个，经济特区中共有258家企业注册。

俄罗斯经济特区内的企业，不但经营制度稳定，行政壁垒少，而且还可以享受税收优惠制度。例如，进驻经济特区企业，简化注册手续，经济特区内的企业免征5年的土地税和财产税，降低进出口税和所得税等。经专家估计，享受的税收优惠可以使俄罗斯经济特区内的企业节约近30%的成本。假如对科技研发型经济特区进行投资，企业还可以享受其他税收优惠，如可以以低于整个俄罗斯税率标准向国有预算外基金缴纳保险费。俄罗斯为增强投资者信心，保持经济特区政策的稳定性和连续性，甚至还在《俄联邦经济特区法》规定，在投资协议有效期内出现的俄罗斯联邦及其地方法律变更如不利于入驻企业的，一律对其不适用。

俄罗斯经济特区内的投资环境包括硬件和软件两个方面都大大改善，促进了经济特区的发展，将有利于相关领域的科技创新及其产业化活动。例如，技术推广型经济特区有力地促进了科技研发，泽廖诺格勒（绿城）特区促进了微电子业的发展，杜布纳市特区促进了核物理技术和软件业的发展，圣彼得堡市特区促进了信息技术和仪器制造的发展，托木斯克市促进了原子能和纳米技术的发展。

（三）科技园与企业孵化器

科技园、企业孵化器属于创新活动的基础设施，俄罗斯有100多个科技园和120多个企业孵化器。

1. 科技园

自转型以来，为促进高新技术产业发展，俄罗斯创建了科技园，作为输出高新科技产品和开展国际科技合作的载体及平台。在世界各国发展过程中，科技园的形式随国情不同而变化，名称也随功能的不同而不同，如科技园、科技孵化中心、高新技术产业区等，并为创新企业的发展发挥了重要作用。例如，美国的加利福尼亚大学科技园，以良好的科研环境和周到的服务吸引了众多小型科技创新企业入驻，后来形成美国计算机和电子学中心，该科技园也就是人们所说的"硅谷"。

俄罗斯科技园最早出现在 20 世纪 80 年代末的苏联高校中，但其基础设施一般比较薄弱，管理人员经验有限，且多以高校分支机构的形式出现。到 1990 年，苏联人民教育委员会颁布实施《建立和发展科技园纲要》，成立科技园协会。该纲要成为各高校创建科技园的法律指导纲领，也为俄罗斯对其进行财政支持提供了依据。高校科技园取得了一定的发展，如 1990 年只有 2 个，1991 年发展到 24 个，1993 年发展到 43 个，到 2001 年发展到 76 个。

到 20 世纪 90 年代中期，俄罗斯意识到创新小企业对经济增长的重要性。科技园在俄罗斯的莫斯科、圣彼得堡等诸多大城市中迅速发展起来，小企业孵化器等也蓬勃发展。科技园不仅仅产生于高等院校，而且在大型的科学中心、科学城等地也获得发展，在俄罗斯各地获得普遍推广，因此出现了大批的地方科技园。地方政府在科技园的发展中起到了十分重要的作用。

在 1996 年 12 月俄罗斯通过《国家支持小企业经营活动纲要》后，科技园协会也颁布了《1997 年促进科技领域创新活动行动纲要》，以加强对科技的协调，统筹国家支持创新小企业的各项资金。科技园的根本任务在于为创新小企业的创建与发展创造良好的条件，促进科研成果产业化，帮助创新小企业将创新产品推向国内外市场。在科技园运行的初期，由于缺少严格监管，许多科技园创建的房地产项目，有的用于开发项目，有的则被用来出租办公空间盈利。2011 年，高新技术科技园协会对科技园本身、创新、进入企业等做出了明确规定。这将有助于为真正的创新企业提供创新基础设施服务。其他不足也在努力弥补，包括建立科技园和企业孵化器的服务中心。

科技园在创新小企业的培植方面发挥了重要作用。目前，科技园有1000多家创新小企业，150多家小型服务性企业。科技园不仅可以为中小创新企业提供服务，尤其是可以成为幼稚创新小企业的孵化器，为创新小企业的发展提供了资金、服务，改善了科研人员的工作环境和生活条件。这样，不但为创新企业保留了科技人才，而且充分调动起其积极性和主动性，极大地满足了创新企业发展的现实市场需求。科技园对创新小企业的培育、扶持直至其进入成熟期，包含从一种科学思想、一项新发明一直到培育出一个相对稳定的创新小企业雏形再到不断成长为一个能应对各种挑战的创新小企业的整个过程，包揽了资金、场地、设备、市场开发、广告宣传等一系列工作。这与上文介绍的技术创新中心只支持比较成熟的创新小企业有很大不同。科技园孵化的创新小企业在能独立之后，还可以继续留在科技园，也可以入驻技术创新中心。俄罗斯科技园产生了较好的经济效益和社会效益，但就科技园本身而言，也面临着资金不足、回报期长等不利因素。

2. 企业孵化器

企业孵化器属于创新活动的传统基础设施。它既不是为某企业常设的旅馆，也不是已经在销售产品走向成熟的企业之家。在俄罗斯的科技园中，一个孵化器孵化30—35个公司，时间不超过3年。如在自2010年8月以来成立的新西伯利亚科技园中，其费用的一半以上由入驻企业的私人投资者承担。在夏季，科技园举办暑期学校培训班，有导师培训学生和研究生，尤其是关于创新业务的培训。就企业而言，这样的业务形成了项目和人才的来源。在这些培训过程中，可以从企业的角度发现高等教育存在的问题与挑战，可以将更实际的元素融入课堂培训。这样，科技园有助于促进科研和企业之间的互动发展。

尽管一些企业孵化器取得了成功，但是，绝大多数企业孵化器只是为新企业提供租赁的办公中心，很少为其提供各种支持、辅导或协助寻找投资者。因此，这导致新企业的生产和孵化率非常低，创新项目少。通过对成功的项目进行分析，也凸显了地方政府在该问题立场上的重要性，以及提供周到完善的基础设施运营条件的重要性。

如根据 2007 年诺夫哥罗德企业创新孵化器的经验，联邦政府与地方政府向其入驻企业提供了一系列服务，包括：①以优惠条件提供办公设备、家具、电话、网络等设备齐全的办公场所；②对市场营销、法律、会计、技术咨询等提供免费培训和咨询服务；③协助起草商业计划书；④协助促进推广企业的产品或服务；⑤协助寻求投资；⑥在国家和国际层面免费参与展览和会议。该企业孵化器成立以来，最初通过竞争入选的 18 家入驻企业已经有 7 家达到商业化阶段，另有 6 家已离开企业孵化器进入市场成功经营。尤为重要的是，其产品和服务不仅受到地区和联邦的欢迎，而且引起了一些国外组织的兴趣。

（四）设备共用中心与斯科尔科沃项目

1. 设备共用中心

转型以来，俄罗斯由于科技投入的不足导致了科研设备物质基础的缺乏。这种状况在俄罗斯关于科技创新的不少文件中都被提到，并且已经影响到俄罗斯的科技研发效率。2007 年 11 月 30 日，根据俄罗斯总统召开的科技教育委员会会议，政府决定将实现基础研究进一步现代化并从整体上加强科技基础发展编入法令。这对于俄罗斯建设完善对科技支持的物质基础是很有意义的。

事实上，俄罗斯科研机构对于新设备的采购资金有限，再加上必需的科研花费，一般采购低价或中等价格的设备是没有问题的，而当设备的售价超过了一定的数额时，设备采购就会出现问题。

由于高质量的科研设备既可以用于科学也可以用于教育，并且每个研究所都购买其所需要的仪器设备，因此，俄罗斯创建了设备共用中心，以作为对科学教育使用的物质基础支持。这样，设备共同中心可以服务于不能购买昂贵设备的机构，在需要的机构中获得广泛使用，并且不需要自己进行技术维护。因此，俄罗斯设备共用中心被认为是对科研进行物质支持的有效形式。

俄罗斯在《科技发展优先项目研发（2002—2006 年）》联邦目标计划框架内创建了 56 个设备共用中心，拥有俄罗斯最先进的科研基础设施。根据俄罗斯教科部统计，设备共用中心的设备平均年龄为 8

年，可能低于全国科研设备平均使用年限的 2 倍，然而，设备共用中心研究人员的技术能力却是全国的 8 倍。

2. 斯科尔科沃项目

2010 年 2 月，俄罗斯总统梅德韦杰夫宣布在斯科尔科沃（Skolkovo，位于俄首都莫斯科郊外的小镇）创建被誉为"俄罗斯硅谷"的斯科尔科沃国家创新中心。截至 2010 年 12 月中旬，斯科尔科沃创新城只有 16 家企业注册；到 2011 年，斯科尔科沃创新城投入 220 亿卢布，其迅速发展，到 2012 年年初，就已经达到 300 多家企业，这是从 1500 多家申请企业中选取出来的。另外，补贴的项目根据其所处的商业成熟阶段，可以分为 4 种类型进行补贴。① 2012 年年底，又有 40 多家企业获得补贴以完成其项目发展。

新修订的国家法律为进入斯科尔科沃的企业发展创造了良好的条件。2011 年 10 月 26 日，斯科尔科沃基金与麻省理工学院签订了一项合作协议，要创建斯科尔科沃科学研究所并制定科技发展规划，计划在 3 年内完成，并形成大学和跨学科研究中心。2011 年 9 月成立了俄罗斯创新区域协会（АИРР），该协会同斯科尔科沃基金签署了合作协议，以促进斯科尔科沃的后续发展。目前，正在建设现代化制造工艺大学，与先进的外国公司签订了伙伴关系协议，这些公司将在斯科尔科沃建立自己的研究中心。"这只是开始，我相信，斯科尔科沃将成为科学、教育和创新领域 30 年来第一个成功的全球性项目的模板，这是第一个，但不是最后一个。"②

斯科尔科沃项目富含了促进企业成功的很多要素，包括巨额的补贴、优惠、大学贡献和吸引外国专家等。因此可以看到，在很多的行政区域也在积极地对该模式进行复制，创建小型的斯科尔科沃项目。例如，托木斯克市的总价值达到 399 亿卢布的"ИНО Томск 2020"，另外还有别尔哥罗德市的总价值达到 233 亿卢布的"Аврора -

---

① 可以分为 0 级的"想法"阶段、1 级的"种子"阶段、2 级的"早期"阶段、3 级的"高级"阶段。2011 年全部投资的一半用于"早期"阶段，高达 150 万卢布，预算外资金占一半。

② 2011 年梅德韦杰夫国情咨文。

парка"等。

（五）科技平台

科技平台是创建创新连接的一种新的机制，可以理解为创新集群发展的一个新的概念，旨在促进产学研之间的联系合作，能起到一种沟通作用。对于俄罗斯而言，科技平台形成的最终目标是产生有前景的商业技术，拓展企业在新资源的研发、产业优先发展、促进国际合作等方面的参与程度。科技平台将围绕新技术和产品整合国家、企业和科技领域的力量，实现高新技术产品的研发与商品化。这是俄罗斯向欧洲学习的结果。一个典型的欧洲科技平台的形成包括确定议程、路线发展和项目实施三个阶段，但俄罗斯又形成了自己的特色。

在确定议程阶段，俄罗斯与欧洲的不同就已存在，修订的国家优先发展方向和关键技术清单与科技平台关系不大。2011年7月7日，俄罗斯《关于批准俄联邦科技和工艺的优先发展方向和关键技术清单》批准了8个优先发展方向和27项关键技术清单。2009年确定了一个优先发展方向清单，即能源效率和能源节约、核技术、空间技术、医疗技术和信息技术战略5个方向的技术突破。目前的28个科技平台技术突破的优先次序与俄罗斯的8个优先发展方向出现部分重叠。同时，科技平台的长期发展前景引起了广泛关注，尤其是2011年9月7日俄罗斯政府批准了《俄联邦2020年前创新发展战略》之后。

在路线发展阶段，俄罗斯企业创新发展与政府参与相连。很多企业的强烈需求有助于科技平台的形成。一项调查表明，在与俄罗斯企业各种类型的合作中，科技平台受欢迎的程度仅次于联合研究和委托研究，远超过对人才的培训。在俄罗斯政府2010年4月9日的决议框架下，校企合作的首批成果证明其对技术发展做出了贡献。不仅在俄罗斯，即使在其他国家和地区推动多方未来合作都是一件很难的事情。美国的先进技术推广的事实证明，在关心校企合作的情况下，企业花费了将近10年的时间去积极培育这种关系。

在科技平台研发项目实施阶段。事实上，这一阶段还没有到来，并且在科技平台实施过程中出现了一系列悬而未决的问题。首先，对于实施过程有经济发展部和教科部两个部门的支持。但是，对于科技平台的协调具体有哪个部门负责仍没有明确的界定。其次，对于科技平台资金来源也具有不确定性。其融资并没有明确的程序，来源一般包括俄联邦目标计划、国有企业、俄罗斯科学院的基础研究项目等。

值得注意的是，俄罗斯科技平台侧重于创新集群政策的实施，具体而言，主要在莫斯科、圣彼得堡、萨马拉、叶卡捷琳堡等地区。

六　俄罗斯科技创新人才队伍建设机制

苏联的解体和俄罗斯的激进式市场经济转型使俄罗斯科技领域发生了严重的混乱与危机，科技经费投入锐减，科研人员待遇低下，造成了大批优秀科技人员流失、科研人员年龄结构不合理等问题。俄罗斯颁布实施了很多科技人才激励和培养等方面的政策法规，增加科研教育的投入，这使俄罗斯的科技人才逐步出现回流，同时也培养了大批科技人才，科研队伍的老龄化状况获得了一定的改善。

（一）科技创新人才的逐步回流

针对俄罗斯科技人才外流，俄罗斯制定了大量的关于科技人才回流的激励政策措施。

在法律法规支持方面，自转型以来，俄罗斯先后出台了《俄联邦保护和发展科技潜力的紧急措施》《俄联邦国家科学中心法律地位授予条例》《俄罗斯科学发展方略》《俄联邦科学和国家科技政策法》《俄联邦2010年前及更长期科技发展政策原则》等100多项法律法规。这对俄罗斯科技人才的稳定以及提高科技人才的积极创新发挥了一定的作用。

同时，俄罗斯逐步探索并采取了多元化的科技人才资助制度，以为科技人才队伍的稳定、积极创新提供保证。俄罗斯政府、企业和基金组织，包括外国的基金组织都提供了资金或奖金以资助科技人才从事创新。俄罗斯政府努力增加对科技的资金投入，《俄联邦科学和国家科技政策法》规定，俄罗斯的科技投入不能低于联邦预算的4%。[①]

[①] 事实上，由于经济支持缺乏等方面的原因，该规定并未得到有效落实，但也体现了一定的增长趋势。如俄罗斯实际落实的科技投入占联邦预算的比重2002年为2.04%，2005年为2.35%。

2005年2月3日，第120号总统令规定，自2005年起每年建立500项总统资助金，以支持国内35岁以下青年硕士、副博士的科研工作。同日，又颁布第121号总统令，规定每年建立100项俄联邦总统资助金，以支持40岁以下青年博士的科研工作。俄罗斯民营企业也对科技人才进行资助。如俄罗斯四金属公司、西伯利亚石油公司联合俄罗斯科学院组建基金，对博士每年资助5000美元，硕士每年资助3000美元，三年内资助了350人。与此同时，国外基金也对俄罗斯科技提供了一定的资助。据统计，较成功的研究所约25%的资助来自国外。1/3的基础研究与国外进行合作，在物理学和生物学等领域的研究更是如此，国外资金比重甚至占70%—80%。事实上，多元化的科技融资模式在一定程度上改善了俄罗斯的科研环境，激励了科技人才回流。[1]

（二）科技创新人才的培养

除了高校，还有一些机构中心对科技创新人才进行培养。如技术创新中心，技术创新中心从担任过创新企业经理和顾问的职业教育家中严格挑选教师对人才培训，让学员在把具体技术推向市场和掌握实践技能的基础上独立工作。另外，俄罗斯还积极创造条件，让青年专家、学者和政府官员到世界主要大学进行培训，以加强科技创新方面的工作，并积极吸引优秀人才到俄罗斯从事科研工作。

1996年6月13日，俄罗斯颁布的《俄罗斯科学发展方略》提出，要加强科学和教育的活动，完善培养科学人才体制，提高科研人员社会地位。

2002年3月30日，普京总统批准的《俄联邦2010年前及未来科技发展纲要》首次把发展国家科技列为国家优先发展方向，建构国家创新体系。该文件明确指出，要完善人才培养体系。2005年8月，俄罗斯批准了《俄联邦2010年前创新体系政策发展基本方向》，确立了培训创新活动的组织管理人才的基本策略，并且要扩大人力资本投

---

[1] 郭林、丁建定：《俄罗斯科技人才培养与激励政策的改革与启示》，《科技进步与对策》2012年第1期。

资,使人力资本成为经济增长的核心要素。

(三)科技创新人才的逐步去老龄化

科技创新人才是实现创新的前提和保证,不但需要大量科技创新人才,同时对于科技创新人才队伍而言,还要有合理的年龄结构,这样,才有助于科学的持续发展。苏联时期,科技人员的年龄结构配置是合理的。如1972年,苏联科学工作者平均年龄为38岁。当时苏联科研人员年轻化态势很突出,科技事业成为吸引大批有才能的年轻人的领域,这成为当时科技创新事业呈上升趋势的一个重要原因。

然而,由于科技领域市场机制的迅速引入,政府完全将科技推向市场,大量的年轻科研人员离开或不愿进入科技领域,俄罗斯科技人才呈现老龄化趋势。截至2004年2月,俄罗斯科研人员的平均年龄为49岁,其中,博士、副博士平均年龄分别为61岁、53岁。[①]

由于俄罗斯一直采取一定的吸引年轻人到科学领域工作的政策,科研人员开始呈现去老龄化的特征。例如,对年轻科学家的政府资助增加,总统拨款增加了4倍,科研院所执行的试点项目为雇员人数每年减少3%—4%,以雇用年轻的科学家。2008年首次发现,29岁及以下和30—39岁的研究人员占总研究人员的比重呈现不同程度的上升趋势,如表5-3所示。

表5-3　　　　俄罗斯科研人员年龄结构动态变化　　　　单位:%

年份	29岁及以下	30—39岁	40—49岁	50—59岁	60岁及以上	总额
2000	10.6	15.6	26.1	27.0	20.8	100
2002	13.5	13.8	23.9	27.8	21.8	100
2004	15.3	13.0	21.9	27.8	22.0	100
2006	17.0	13.1	19.0	26.3	22.1	100
2008	17.6	14.2	16.7	26.3	25.2	100

资料来源:Gaidar Institute, "Russian Economy: Trends and Perspectives", Moscow: Gaidar Institute for Economic Policy, 2009。

[①] 郭林、丁建定:《俄罗斯科技人才培养与激励政策的改革与启示》,《科技进步与对策》2012年第1期。

第三节　俄罗斯政府主导型科技创新模式及其特点

一　俄罗斯政府主导型科技创新模式

从科技创新实现发挥作用的方式和主体来看，科技创新模式可以分为政府主导型科技创新模式和市场主导型科技创新模式。正如上文所述，俄罗斯的转型经济性质及其经济发展阶段决定了俄罗斯科技创新的政府主导模式。

转型以来，俄罗斯呈现出政府主导型科技创新模式。在苏联高度集中的计划经济体制下，科技资源配置完全由计划分配和行政主导，完全是政府计划主导的科技创新模式。随着俄罗斯市场化经济转型，尽管在转型初期俄罗斯几乎将科技领域完全推向市场，初步建立市场经济的制度框架，但并未出现活跃的科技创新。随着俄罗斯对转型经济认识的加深，政府重新介入科技创新领域，并在科技领域发挥主导作用，通过上文的分析可以发现，俄罗斯科学创新在政府的主导下由科学院和高校的科研院所完成；同时，由于市场化转型，俄罗斯市场经济难以在短期内完善等原因，企业无法成为技术创新的主体，俄罗斯政府仍旧发挥着技术创新的主体作用，直到目前，俄罗斯科技研发投入的70%左右是由政府承担，直接参与企业研发。同时，政府还通过制度安排，积极培育科技创新实现的有利环境。

二　俄罗斯政府主导型科技创新模式的特点

俄罗斯政府主导型科技创新模式也呈现了一系列自己的特点，正如上文所述，这与俄罗斯的经济形态、经济发展阶段、资源禀赋、创新主体以及创新环境紧密相连。

(一) 政府主导下的科技创新

首先，俄罗斯的科学知识创新是在政府主导下由俄罗斯科学院、高校的科研院所实现的。由于科学创新的公共产品性质，尽管俄罗斯的科技体制在向市场化经济转型，但政府对科学知识创新尤其是基础

第五章 俄罗斯科技体制转型中的科技创新组织、机制与模式 | 133

研究以及军工、宇航等重大科研活动仍加以支持,并且政府逐步加大对其研发投入,对代表国家高科技水平的世界尖端科研项目进行大量投入。随着俄罗斯经济的逐步复苏,俄政府逐步增加科技预算拨款额度,并通过立法要求不低于年预算开支的4%,以后随着经济状况的逐步改善而增加拨款比重。同时,俄政府还修改了国家对科技拨款办法,收缩战线,使国家拨款首先面向重大基础研究和开发研究,而对应用学科则坚决推向市场,并吸引商业银行和私有化、私人资本对其进行投资。

其次,俄罗斯的技术创新是在政府主导下主要通过大企业来完成的。俄罗斯先后成立了俄罗斯航空制造联合集团、船舶制造联合集团、技术、纳米技术、原子能、开发银行、促进公共事业改革基金、奥林匹克项目建设等大企业。"创新活动在大型企业中的表现程度是比较高的,资料显示,有60%左右的创新成果是在大型企业中实现的。"[1] 事实上,俄罗斯的这些大企业并非完全意义上的大企业,并不完全根据市场需求拉动抑或市场竞争压力驱动的科技创新规律来进行创新的,而是政府科技创新意识的践行者。俄罗斯大企业的技术创新大部分是获得政府直接的研发资助完成的,在这一创新过程中,政府居于绝对主导地位。不过,更侧重于通过大企业将其产业化,将知识转化为经济。俄罗斯要让企业成为真正意义上的技术创新主体,这尚需时日,同样,这也是所有转型国家面临的阶段性任务。

最后,俄罗斯政府在创新环境培育、构建国家创新体系过程中起主导作用。正如上文所述,无论是促进科技与经济、科学与教育、军民两用技术的有机结合,发展创新产品市场,科技管理体制改革,促进官产学研各组织的合作创新,还是创建和完善包括远景战略规划、多元融资机制、政府财政政策、立法保护、创新机构项目以及人才队伍建设在内的科技创新运行机制,都体现了俄罗斯政府在科技创新中的主导作用。也正是俄罗斯对科技创新环境的积极培育,构建国家创

---

[1] 徐林实:《论俄罗斯大型企业科技创新体系的地位和作用》,《中国高新区》2008年第11期。

新体系，才使俄罗斯在特定领域的科技创新具有一定的国际竞争优势。同样，受多重因素制约，俄罗斯要完善科技创新环境、形成有效的制度激励同样尚需时日。

（二）政府主导下的基础研究与高新技术创新占优势

俄罗斯注重发展基础研究和高新技术产业，如航空航天、天文物理、核物理、激光、空间科学、电子、化学、核能以及军工科技等传统领域均居世界领先水平，同时，在海洋科学、新材料、计算机应用软件、大型装备制造等领域也拥有先进的科技创新成果。在信息交换处理、导航定位定时、能源储存、整流以及生物传感等技术方面，除美国之外，当前只有俄罗斯具有全面研发能力。另外，在能源转换领域以及发电技术方面，俄罗斯甚至超过美国。俄罗斯科技实体即使在转型最困难的阶段仍基本保持了自身的完整性，在科学基础研究方面，仍取得了数十项具有世界水平的科研创新成果，基础研究的所有方面几乎都有世界水平的研究成果，包括那些需要进行多年投资研究才可能取得成就的核能、天文物理、分子生物学、电子、激光、化学、超级计算机、高温超导等都取得了具有世界先进水平的科研成果；俄罗斯科学院完成了约 5000 个研究课题。目前，各国开展的基础研究在本国整个科研任务中所占比重各不相同，美国、日本该指标均为 14%，德国为 18%，俄罗斯为 9.3%。

俄罗斯在一些宏观技术领域仍保持这国际领先水平。根据俄罗斯相关机构的调查，目前，俄罗斯工业基础设施全部基本指标与西方非常接近，只是在技术创新环境方面（如质量保证系统、标准自动化等）发展水平落后于西方发达国家。在当今决定发达国家实力的 50 项重大技术中，俄罗斯有 12—17 项可以与西方发达国家决一雌雄，如航空航天技术、新材料技术等。在当今世界决定发达国家实力的 100 项突破型技术[①]中，俄罗斯在其中的 17—20 项居世界领先水平，另有 25 项经过几年努力可以达到世界先进水平。

---

① 如电子技术、生物工程、等离子体技术、原子能、复合疫苗、航空航天技术、新材料等。

俄罗斯的军工和宇航技术仍可以与美国并驾齐驱。军工和宇航技术涉及电子、通信、自动控制、大气物理、天文、材料科学、动力学等技术领域。俄罗斯科技潜力大部分集中在国防系统，包括航空、电子、无线电、通信设备、兵器、造船、弹药和特殊化工火箭和航天技术等部门。并且在这些部门，俄美两国仍各有所长，并领先于其他国家。近年来，俄罗斯的导弹、战机等武器家族中新秀不断涌现。从西方发达国家和俄罗斯的国际科技合作中也可发现，西方发达国家对俄罗斯基础研究以及国防军工研究的设计成果最感兴趣。

同时，俄罗斯民用技术即使落后，但也不缺乏强项。转型以来，俄罗斯经过市场经济的磨炼，不少俄罗斯民用技术创新也达到世界先进水平，如煤浆管道运输、生命保障系统以及计算机应用等。尤其是计算机技术，"这标志着俄罗斯在超级计算机研制方面无论在计算机的容量和功率方面还是在运算速度方面均已进入世界先进行列"。[1]

在政府主导之下，俄罗斯虽然在基础研究领域保持较高水平，同时拥有世界领先的高新技术，但是，由于受多重因素制约，其高新技术产业化发展及其应用扩散相对滞后，没有形成较强的国际竞争力和活跃的科技创新。

---

[1] 吴明：《俄计算机技术世界领先》，《全球科技经济瞭望》2000年第1期。

第六章 俄罗斯科技体制转型下的科技创新效应分析

第一节 科技进步与科技进步贡献率

一 科技进步的含义

科技进步可以分为狭义的科技进步和广义的科技进步。狭义的科技进步指的是科技研发及其所取得成果，包括基础研究、应用研究和实验开发研究三种活动类型。它反映了现实的科学技术研究发展和应用，属于科技层面的概念。广义的科技进步指的是由于科技研发、科技教育以及科技管理等引起的劳动生产效率提高、生产组织和生产结构改善等。它反映的是科技研发应用引致的结果，属于经济学层面的概念。

由此可知，狭义的科技进步是科技创新实现的重要环节，是科技创新的重要前提和源泉。而科技创新则是狭义科技进步的最终实现与体现，是形成市场利润的结果，体现了科技发明到科技在生产和服务上的实际应用，是科技经济价值的实现。而广义上的科技进步则包含科技创新，科技创新是科技进步的一个方面。

二 科技进步贡献率

由于科技进步意味着科技与物质生产的有机集合，代表着科技创新。因此，为了考察科技创新对经济增长的影响和效果，学术界最常用的、信度最高的方法就是测算科技进步贡献率。科技进步贡献率即科技进步对经济增长贡献的份额，可以通过由于科技进步导致的经济增长占总的经济增长的比重来表示。这里的科技进步指的是经济学意义上的广义的科技进步，包含科技自身的发展及其科学管理等其他方面的发展。因此，科技进步贡献率体现了一国科技创新水平的高低，对其进行科学测算和合理预测意义重大。

对于经济增长的原因一直是经济学家研究的重点。科技进步对经济增长的作用越来越受到经济学家的重视。古典经济学家在强调物质资本与劳动力是经济增长主要因素的同时，也强调了劳动分工的作用，斯密将技术进步视为劳动分工和劳动熟练的结果。① 马克思、恩格斯强调，科技是"一种在历史上起推动作用的革命力量"，认为科技是"历史的有力的杠杆"，是"最高意义上的革命力量"。② 1912年，熊彼特在其《经济发展理论》一书中指出，技术创新才是经济增长的源泉。企业通过创新可以获得超额利润，推动经济增长，并使企业进一步扩大生产，同时引来了其他企业的模仿创新及其创新扩散，进一步推动经济增长。1957年，索洛在创建新古典经济方程中发现，经济实际增长远大于物质资本和劳动投入所带来的增长，这一差额（索洛余值）是由"科技进步"带来的。③ 1962年，丹尼森将经济增长因素分为两大类：一类是"生产要素"投入，包括物质资本和劳动力等；另一类是能提高生产效率的因素，称为"全要素生产率"，它包括资源配置、规模节约、知识进展及其应用等项目。④ 丹尼森用"全要素生产率"扩充了索洛方程中"科技进步"的概念，即广义的科技进步。20世纪80年代的新增长理论提出的内生技术进步则强调技术进步是由经济系统内在需求所决定的。1988年，卢卡斯建立的"人力资本溢出模型"就是用"人力资本"的溢出效应来说明科技进

---

① 宋承先编：《西方经济学名著提要》，江西人民出版社2002年版，第92—96页。
② 《马克思恩格斯全集》，人民出版社1963年版，第372页。
③ ［美］罗伯特·索洛：《经济增长因素分析》，史清琪等译，商务印书馆2003年版，第1—19页。
④ 同上。

步是人力资本不断积累的结果。① 1990年，罗默建立了一个由物质资本、劳动力、人力资本、研发的"四要素"的"知识溢出模型"②，把人力资本、研发作为总量生产函数的内生变量，使生产函数呈现规模报酬递增，从而合理地解释了现代经济的持续增长。

然而，尽管定义上明确表示科技进步贡献率是由科技进步引起的经济增长占总的经济增长的比重，但对于这个比重，事实上很难直接计算。通常采取的方法是扣除劳动、资本两生产要素对经济增长的贡献后作为科技进步对经济增长的贡献率来进行间接计算。针对俄罗斯科技进步对经济增长贡献率不高且难以计算的特点，可以首选美国经济学家索洛增长速度模型作为测算模型，把劳动、资本的产出弹性作为动态指标来测算其对经济增长的贡献，进而间接地测算出科技进步贡献率。

第二节 俄罗斯科技创新效应定性评价

科技创新的实现可以促进一国或地区经济的增长、产业结构的优化升级以及贸易结构的变化，使经济长期健康稳定发展。

一 俄罗斯科技进步与科技创新对经济增长的影响

资本、劳动力、科技是促进经济增长的三要素。一国或地区要实现经济增长，或者通过增加资本投入，或者增加劳动力投入，抑或增加科技投入，并相应地形成了资金密集型、劳动密集型和技术密集型产业。但是，在不同的经济形态以及经济发展的不同阶段，各要素对经济增长的促进作用也各不相同。由于资本和劳动力受边际报酬规律递减的限制，因此，要想促进经济长期稳定的增长，就需要依靠科技创新的推动。

---

① Lucas, R. E., "On theMechanics of Economic Developmen", *Journal of Monetary Economy*, No. 22, 1988, pp. 2–42.

② Romer, Paul M., "Endogenous Technological Change", *Journal of Political Economy*, No. 98, 1990, pp. 71–102.

一国或地区的经济增长对不同要素的依赖可以形成不同的经济增长方式。如果经济增长主要依靠扩大资本、劳动力和自然资源等生产要素投入则为粗放型经济增长方式；如果主要依靠科技进步与科技创新促进经济增长的实现则为集约型经济增长方式。由于资源的有限性和边际报酬递减规律的影响，粗放型经济增长方式是不可持续的，同时会对资源环境带来严重压力。而依靠科技进步与科技创新的集约型经济增长方式则可突破资本、劳动力和自然资源的限制，并可以有效地化解经济增长过程中的深层次问题。

科技进步与科技创新对经济增长的积极作用可以得到理论上的支持。就俄罗斯的经济增长状况而言，科技进步与科技创新尽管发挥了一定的作用，但作用有限。俄罗斯自转型以来，经济增长一落千丈，尽管后来经济逐步复苏，但是，通过对俄罗斯经济增长质量评估将会发现，其增长方式是一种完全的粗放型经济增长，主要是依赖于自然资源价格上涨和出口自然资源而获得的，经济对科技成果需求程度低，市场仍不能成为拉动科技创新的基本力量，这也让俄罗斯失去了科技创新的重要动力，这种资源型经济不可能让俄罗斯成为经济科技强国，并且这种形式的经济增长是脆弱的，两次经济危机就是最好的证明。[1] 产业结构升级更是困难重重，科技进步与科技创新远未成为俄罗斯经济增长的主要驱动力。如"2003—2004年俄罗斯经济增长的70%来自能源价格上涨及其引起的出口增加，另外30%来自国内消费需求的增长，这里几乎没有科技进步对俄罗斯经济增长的实质性贡献"。[2]

俄罗斯这种严重的资源型经济导致了科技财力、人力投入的严重不足，腐败和"寻租"活动盛行，科技创新发展受到极大的影响。如果没有产业结构的优化升级，必然导致出口结构的不合理，国际能源市场价格尤其石油价格一旦出现异常，必然导致资源型经济的俄罗斯

---

[1] 1997年亚洲金融危机使俄罗斯1998年的GDP增长率下降为-5.34%，2008年国际金融危机使俄罗斯2009年的GDP增长率下降为-7.8%。

[2] 宋兆杰：《苏联—俄罗斯科学技术兴衰的制度根源探析》，博士学位论文，大连理工大学，2008年。

经济增长遭受剧烈波动。俄罗斯对世界市场的依赖使其失去了经济增长所需要的科技创新这一重要内部源泉。

二 俄罗斯科技进步与科技创新对产业结构的影响

科技进步与科技创新的实现有助于产业结构的优化升级。科技创新过程就是生产要素、生产组织等重新组合的过程。企业通过技术创新的实现可以获得市场竞争优势，赚取超额利润，进而扩大企业规模。随着越来越多模仿性创新的加入使技术创新进一步扩散，产业规模随之进一步扩大。这样，一项新技术的应用促进了新产业的形成或推动原产业的升级，从而使整个产业结构不断优化。

在俄罗斯产业结构中，传统产业一直占有很大比重，高新技术产业发展缓慢，与发达国家相比，差距很大。俄罗斯产业结构严重畸形，早在苏联时期就形成了重视重工业、轻视轻工业、农业发展落后、原材料产业膨胀的极不平衡的产业结构。

1999 年 12 月 30 日，普京在其纲领性文章《千年之交的俄罗斯》中写道："俄罗斯的经济结构发生了变化，在国民经济中关键行业是燃料工业、电力工业、黑色和有色冶金工业，它们在国内生产总值中约占 15%，在整个工业产值中占 50%，而在出口中所占比重已超过 70%。"① 俄罗斯经济增长主要不是依靠产业结构的调整升级，而是依靠原材料、初级产品的大量出口拉动的。并且由于自然资源价格的上涨造成大量的生产要素被吸引到资源产业，使新兴产业丧失发展机会，企业创新动力逐渐消失，研发人力资源投入锐减，科技创新能力弱化，致使科技仍未在经济增长中起到支撑作用。这些资源密集型工业在经济结构中过分膨胀，2001 年，石油工业一个部门的产值就占全国 GDP 的 8%。

发展高新技术产业，尤其是信息技术产业成为俄罗斯产业结构优化升级的重要推动力。"伴随着经济增长，俄罗斯丰富的科技潜力获

---

① ［俄］普京：《普京文集》，中国社会科学出版社 2002 年版，第 3 页。

得了更多的资本支持,从而为高新技术的发展提供了广阔的发展空间。"① 由此带来的科技进步与科技创新在俄罗斯产业结构优化中发挥了一定的积极作用。

首先,三大产业比重发生了积极变化。目前,俄罗斯的农业、工业和服务业三大产业的比重几乎接近西欧许多发达国家的水平。农业比重2005年下降到6%以下,工业占49%,服务业上升到45%。并且"第三产业内部也出现了高级化和合理化的趋势,基础设施产业和高科技产业发展迅猛。以交通、市政服务和通信业为例,1995—2003年这三个产业的市场规模分别增长了8倍、13倍和26倍多,远远高于其他服务部门的增速"。② 近年来,创新行业产值增加较快,呈现增长趋势,如图6-1所示。航空、医药、信息等高技术产业以及矿产、冶金、能源等传统国有产业对科技创新做出了主要贡献。甚至普京2016年在国情咨文中也宣称:"信息技术产业成为发展最快的经济领域。"③

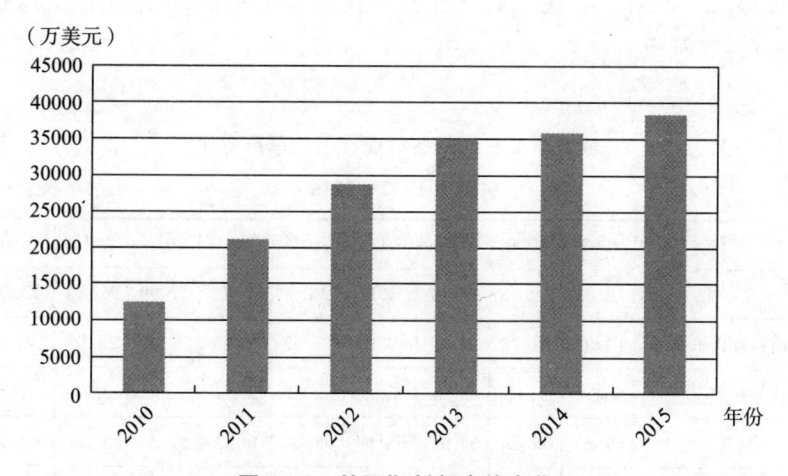

图6-1 俄罗斯创新产值变化

资料来源:根据俄罗斯统计局数据绘制。

---

① 曲文轶:《资源禀赋、产业结构与俄罗斯经济增长》,《俄罗斯研究》2007年第1期。
② 同上。
③ 2016年普京国情咨文。

其次，工业内部结构得到一定程度的优化。就工业内部各产业的增长状况而言，原俄罗斯经济与发展部部长格列夫指出，2005年，俄罗斯的食品工业、化学工业、森林工业、建筑和通信等行业均以7%以上的速度快速发展。相应地，能源工业、有色金属工业以及农业综合体的发展则相对缓慢，年均增长低于5%。这充分说明了俄罗斯工业结构得到明显优化，特别是原材料工业的发展速度在政府政策的引导下呈现低速增长的态势。正如俄财政部长库德林2006年6月在第十届圣彼得堡经济论坛会议上所指出的，俄罗斯对高油价的依赖性正在减弱。技术含量较高的机器制造业与金属加工业在工业总产值中的比重不断上升，从1995年的19.2%上升到2004年的22.2%。

自转型以来，就俄罗斯工业结构总体而言，也得到了一定程度的优化。原材料部门的采矿业从2005年开始所占比重呈现下降趋势，从2005年的22.47%下降到2012年的20.5%，但之后又呈现一定的上升趋势。轻工业中的纺织品及制造总体也呈现下降趋势，而技术含量高的化工产品，电气、电子和光学设备等比重总体呈现上升趋势，如表6-1所示。

表6-1 俄罗斯工业内部各行业在工业总产值中占比（1992—2016） 单位：%

年份	1992	2000	2005	2010	2012	2013	2014	2015	2016
采矿业	18.01	22.16	22.47	21.62	20.5	22.72	21.99	22.76	23.07
燃料能源开采	15.09	18.78	19.71	19.02	17.92	20.13	19.44	20.03	20.07
其他矿产开采	2.84	3.51	2.76	2.59	2.42	2.59	2.55	2.73	3
制造业	69.62	63.26	65.12	65.64	68.82	66.2	67.31	67.4	66.76
食品工业（饮料烟草等）	10.42	10.38	10.87	11.36	11.78	10.53	10.97	11.93	12.35
纺织品及制造	1.87	0.89	0.72	0.72	0.58	0.6	0.61	0.61	0.67
皮制品鞋业	0.43	0.12	0.13	0.13	0.16	0.13	0.13	0.13	0.13
木材加工和木制品	1.52	1.06	1.04	0.92	0.89	0.93	0.88	0.94	0.93
造纸纸浆印刷出版	1.71	2.3	2.34	2.23	2.19	1.92	1.88	2.02	2

续表

年份	1992	2000	2005	2010	2012	2013	2014	2015	2016
焦炭与石油产品	11.11	11.8	10.55	12.27	11.05	16.88	15.55	14.36	14.02
化工产品	4.3	5.54	4.95	4.99	5.18	4.63	4.78	5.46	5.21
橡胶和塑料制品	1.38	1.33	1.43	1.77	3	1.65	1.55	1.62	1.74
其他非金属制品	4.4	3.2	3.13	2.89	2.81	2.98	2.83	2.56	2.34
冶金和金属制品	11.8	13.99	13.93	11.88	13.57	9.73	10.37	10.99	10.21
机器与设备制造	5.95	3.33	3.52	3.54	3.58	3.31	3.1	2.97	2.87
电气、电子和光学设备	2.06	1.7	3.32	3.94	3.13	3.77	3.9	3.98	4.07
运输设备制造	8.92	8.11	6.12	5.78	6.44	7.81	7.2	6.2	6.14
其他制造业	2.79	2.69	3.06	3.22	3.03	3.31	3.57	3.64	4.07
电力、煤气和供水	12.37	14.58	12.41	12.74	10.69	11.08	10.69	9.84	10.17

资料来源：根据俄罗斯国家统计局资料计算所得。

最后，投资结构优化有利于产业结构优化。投资动态的变化预示着产业结构的未来变动趋势。投资结构优化与俄罗斯政府政策密切相关。自2001年7月起，俄罗斯实施对石油、天然气出口的新税法，对石油、天然气等初级产品出口增值税提升至18%，同时还增加了石油、天然气开采税，以引导投资者的投资倾向。俄罗斯政府这种宏观调控有利于产业结构优化。"基础设施与加工工业投资大幅提升，而燃料能源开采领域的投资增速下降。技术含量和价值较高的加工工业，尽管在衰退期间其占比下降，但随着这几年经济持续增长，加工工业在全社会固定资产投资中的占比也开始上升，比如，化学工业增长了0.2个百分点，机器制造业稳定在3%左右。2005年投资结构进一步好转，加工工业投资增长了16.9%，开采工业降低了2.5%。知识技术领域的投资也稳定增长。1992年，科学与科技服务部门吸引的投资总量仅占全社会固定资产投资总量的0.4%，2004年已经提高到 0.8%。"[1] 尽管国际市场的能源价格不断飙升对俄罗斯的产业结构优化升级产生了不利影响，并在很大程度上抵消了政府产业政策的积极效应，但投资结构仍呈现出向好的趋势。

随着科技全球化发展以及高新技术产业迅猛发展，俄罗斯开始重视政府在产业结构优化中的宏观调控，而不再盲目相信自由主义，如征收自然资源税，逐步创建国家创新体系，为高新技术产业发展提供支持，实现产业的技术创新。这使俄罗斯的知识技术密集型产业发展速度远远超过了原材料工业的发展速度，通过技术创新对产业结构实现了一定程度的优化升级，但是，原材料行业比重过大的现实并未得到根本改变。

三 俄罗斯科技进步与科技创新对贸易结构的影响

一项新技术的成功应用，不但可以促进企业的发展，而且通过科技进步和科技创新的扩散传导作用，进一步影响到对外贸易结构的改变。

1999年12月30日，普京在其纲领性文章《千年之交的俄罗斯》中写道："俄罗斯的结构失衡和技术落后，使俄罗斯在国际市场上有竞争力的产品大大减少，尤其是被挤出了科技含量高的民用产品市场，俄在该市场上所占的份额不到1%，而美国占36%，日本占30%。"[2]

随着科技进步的发展，俄罗斯的外贸结构已经呈现出一定程度的优化发展趋势。自2000年以来，俄罗斯开始"调整进出口商品结构：把发展高新技术产业、扩大科技含量高和深加工产品的出口比重放在首位，同时扩大传统优势产业、主要是能源和基本材料的出口，这些产品目前仍是主要创汇来源"。[3]

在出口结构方面，目前及其未来的相当长的时间内，俄罗斯的能源和原材料出口将占总出口的很大比重，高新技术出口量占其出口总

---

[1] 曲文轶：《资源禀赋、产业结构与俄罗斯经济增长》，《俄罗斯研究》2007年第1期。
[2] ［俄］普京：《普京文集》，中国社会科学出版社2002年版，第3页。
[3] 张养志：《普京时期的俄罗斯对外经贸发展战略》，《俄罗斯中亚东欧研究》2005年第5期。

量比重和世界出口总量的比重相对较低。俄罗斯高新技术产品出口占制成品出口比重1996年为9.67%，2002年达到转型之后的最高比重为19.16%，到2008年降为6.48%，2015年又升为13.76%，2016年又降至0.72%；但高新技术产品出口总额直到2014年总体呈现增加趋势，1996年为22.29亿美元，2014年最高达到98.43亿美元，而后下降，2016年为66.40亿美元。根据表6-2数据，俄罗斯出口的高新技术产品占世界市场份额2003年达到转型之后的最高值也不过为2.31%。但从1997—2003年占世界市场份额总体呈现逐年增长的态势，然而，自2006年以来，直到2011年总体呈下降趋势基本不超过1%，2011年之后又开始攀升，2013年达到2008年国际金融危机后的最高水平，之后又开始总体下降。但高新技术产品的出口总额2013年之前基本呈现逐年增加的态势，并且航空航天产品出口占据出口的主要份额。就进口而言，高新技术产品进口总额也基本逐年增加，2012年达到最高点，为503.49亿美元，并且进口总额远超过出口总额，且进口与出口比总体呈增加趋势，1996年为3.01∶1，到2008年达到了10.02∶1，之后又呈下降趋势，2016年为5.09∶1，但这也说明高新技术的对外依赖明显。俄罗斯多数工业部门主要依靠进口技术来生产新产品，对世界技术市场的依赖性不断增强。技术贸易余额从2000年的2亿美元下降到2009年的-100.08亿美元。[1]但是，俄罗斯的核工业近些年发展较为迅速。在过去的30年里，核工业机械订单上升10倍，比2005年提升25倍。[2]

俄罗斯以武器军工产品和技术为依托的出口，在国际市场上的竞争力逐渐增强，对经济增长的推动和支撑作用不断提升。普京甚至在2018年的国情咨文中还自豪地指出："目前，我们最新型战机、潜艇、防空系统以及海陆空导弹系统的名称在全国乃至全世界都已家喻户晓。所有这一切都是最新的高科技武器。"[3]国防工业是俄罗斯在资

---

[1] Evgeny A. Klochikhin, "Russia's Innovation Policy: Stubborn Path-Dependencies and New Approaches", *Research Policy*, No.9, 2012, p.1620.
[2] 2010年梅德韦杰夫国情咨文。
[3] 2018年普京国情咨文。

表6-2　俄罗斯三类高新技术产品进出口总额与出口市场份额（1996—2016年）

单位：亿美元，%

年份	航空航天 进口额	航空航天 出口额	航空航天 出口份额	计算机、电子和光学工业 进口额	计算机、电子和光学工业 出口额	计算机、电子和光学工业 出口份额	医药 进口额	医药 出口额	医药 出口份额	总额和份额 进口总额	总额和份额 出口总额	总额和份额 出口份额
1996	1.36	5.64	0.58	32.36	8.42	0.11	12.41	1.28	0.17	46.13	15.34	0.86
1997	1.33	2.30	0.19	35.47	10.34	0.12	17.55	1.16	0.14	54.35	13.8	0.45
1998	10.85	10.19	0.70	27.07	7.89	0.09	13.66	1.13	0.12	51.58	19.21	0.91
1999	1.20	4.58	0.31	19.12	10.33	0.11	9.12	1.06	0.10	29.44	15.97	0.52
2000	6.17	7.41	0.51	20.29	10.29	0.09	13.17	1.00	0.09	39.63	18.7	0.69
2001	2.06	8.61	0.54	31.92	13.65	0.13	18.62	1.05	0.08	52.6	23.31	0.75
2002	3.15	27.12	1.73	37.67	11.26	0.11	16.19	1.29	0.08	57.01	39.67	1.92
2003	3.83	33.86	2.13	43.28	10.14	0.08	23.55	2.04	0.10	70.66	46.04	2.31
2004	3.16	31.63	1.78	63.52	12.59	0.08	29.17	1.82	0.07	95.85	46.04	1.93
2005	5.05	12.61	0.66	92.75	13.09	0.08	43.89	2.00	0.07	141.69	27.7	0.81
2006	1.40	9.38	0.40	147.94	17.02	0.09	63.09	2.39	0.08	212.43	28.79	0.57
2007	1.87	10.35	0.40	218.32	19.36	0.10	67.87	3.10	0.08	288.06	32.81	0.58
2008	2.07	10.13	0.36	270.59	23.02	0.11	91.60	3.21	0.08	364.26	36.36	0.55
2009	2.88	9.81	0.37	159.15	21.33	0.12	86.76	3.14	0.07	248.79	34.28	0.56
2010	4.75	11.63	0.43	237.79	21.63	0.10	113.10	3.17	0.07	355.64	36.43	0.6
2011	5.51	11.18	0.37	274.71	27.54	0.12	133.80	3.40	0.07	414.02	42.12	0.56
2012	55.28	59.44	1.69	312.98	32.70	0.14	135.23	6.41	0.13	503.49	98.55	1.96
2013	65.85	75.64	1.95	277.86	37.66	0.15	148.68	5.89	0.11	492.39	119.19	2.21
2014	79.34	29.29	0.74	279.37	53.04	0.21	131.00	6.19	0.11	489.71	88.52	1.06
2015	36.67	37.62	0.94	201.56	40.23	0.17	89.89	5.44	0.10	328.12	83.29	1.21
2016	2.79	16.23	0.40	194.25	34.05	0.15	91.39	6.39	0.12	288.43	56.67	0.67

资料来源：http://stats.oecd.org/Index.aspx。

源型产品之后最重要的出口导向型部门,军工产品是高新技术出口的风向标。在苏联时期,军工产品和技术出口占比相当高,曾经是苏联最具有竞争力的高新技术出口产品。由于军工技术老化程度的加快,俄罗斯的军工产品出口潜能受到一定的影响。1992 年,俄罗斯可比价格武器出口额为 26.05 亿美元,2017 年达到 61.48 亿美元。自 1998 年至今,俄罗斯代表高新技术产业的武器和军工技术的出口总体呈现较快的增长态势,如表 6-3 所示。在相对和平的政治经济环境下,当今世界仍存在诸多不确定因素,因此,军工产品的价格比其他资源的价格相对更加昂贵。俄罗斯凭借军工产品和科技方面的优势及其发展前景在一定程度上促进了俄罗斯的经济增长,并在推动高新技术发展和产业结构优化方面功不可没。

表 6-3　　　　俄罗斯武器进出口总额(1992—2017 年)

年份	武器出口 (1990 年不变价格亿美元)	武器进口 (1990 年不变价格亿美元)
1992	26.05	0.40
1993	34.39	—
1994	14.78	—
1995	38.89	—
1996	35.72	—
1997	33.47	—
1998	20.40	—
1999	42.64	—
2000	45.03	—
2001	53.30	—
2002	57.34	—
2003	51.71	—
2004	62.81	—
2005	52.22	—
2006	51.43	0.04
2007	55.28	1.00

续表

年份	武器出口 （1990年不变价格亿美元）	武器进口 （1990年不变价格亿美元）
2008	62.32	—
2009	49.69	0.08
2010	60.91	0.22
2011	85.68	0.11
2012	82.83	1.03
2013	78.05	1.41
2014	52.24	2.02
2015	56.08	1.18
2016	69.37	1.69
2017	61.48	0.34

资料来源：http：//data.worldbank.org/indicator。

尽管俄罗斯军工出口领域存在一定的问题，在转型初期，俄罗斯具有国际市场竞争力的武器出口占世界武器市场出口总量的10.8%，1995年为16.96%，1998年降至7.34%，但之后一路攀升，2002年甚至超过美国，到达32.01%，尽管之后也有波动，但也未低于2014年的19.57%。

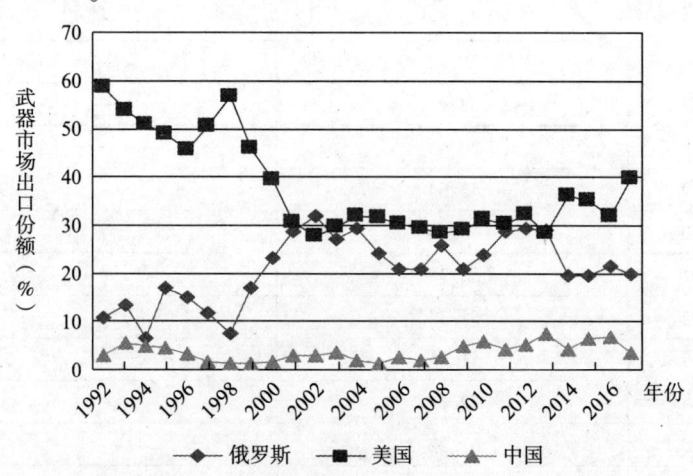

图6-2 俄美中武器市场出口份额对比（1992—2017年）

资料来源：http：//data.worldbank.org/indicator。

第三节 俄罗斯科技创新绩效定量分析

俄罗斯属于资源丰裕型国家。转型以来,为促进科技发展,俄罗斯采取诸多措施,然而,俄罗斯的科技进步与科技创新对其经济增长的贡献度如何?因此,我们有必要对俄罗斯的科技进步贡献率进行测算,这有助于我们对俄罗斯科技进步与科技创新的把握。

一 科技进步贡献率测算模型的选择

自20世纪20年代美国学者柯布·道格拉斯提出柯布—道格拉斯(Cobb – Douglas)生产函数以来,国际上就逐步开始探讨对科技进步贡献率的定量测算,因此,国外对科技进步贡献率测算方法的研究已有相当长的时间。首届诺贝尔经济学奖获得者丁伯根等学者利用生产函数作为理论框架,采用时间序列数据,最早对科技进步的贡献进行了测算。

对于科技进步贡献率的测算有很多的模型和方法,如索洛模型、CES生产函数模型、超越对数生产函数模型等。

索洛模型是索洛1957年以柯布—道格拉斯生产函数为基础提出的对科技进步贡献率的测算模型,即 $y = a + \alpha l + \beta k$,也就是运用索洛余值法来进行测算,$a = y - \alpha l - \beta k$。其中,$y$ 表示产出增长率,a 表示科技进步贡献率,k 和 l 分别表示资本增长率和劳动增长率,α 与 β 分别表示劳动投入对产出的弹性系数和资本投入对产出的弹性系数。在希克斯中性和规模报酬不变的条件下,经济增长由资本、劳动和科技进步三者影响,所以,有 $\alpha + \beta = 1$。由此可见,采用索洛模型的优势在于简洁且易于操作,因此,这种方法成为目前最有影响的方法之一,而且参数较少。

CES生产函数模型是阿罗在1961年提出的资本劳动固定替代弹性生产函数。当规模报酬不变时,该函数的表达式为 $Y = At[\delta K^{-\rho} + (1+\delta) L^{-\rho}]^{-1/\rho}$。其中,$Y$ 表示产出,At 表示科技进步水平,满足 $A > 0$;K 与 L 分别表示资本和劳动;δ 表示分配系数,满足 $1 > \delta > 0$;

ρ 表示替代函数，满足 ρ≥ -1。因此，At = A₀eʳᵗ，这里，t 表示时间，r 表示科技进步速度，只要把 A₀、δ、ρ 和 r 这些待估参数表示出来，就可以测算科技进步贡献率。尽管用该模型测算较为准确，但是，其所需的众多数据难以收集。

超越对数生产函数模型是采用投入要素的二次项表示产出量的对数。该模型尽管是乔根森推荐使用的，不仅考虑到了时间因素，并细化了投入要素，但其不仅参数众多导致过度参数化，而且很难给出经济学意义上的合理解释。另外，该超越估计很容易产生随机和多重共线性问题。

另外，还有 VES 生产函数、资本劳动固定替代弹性生产函数等都面临着引入参数较多、数据难以采集的缺陷，因此，难以对俄罗斯的科技进步贡献率进行测算。

对于俄罗斯这样的资源丰裕型国家而言，尤其是进入 21 世纪以来，经济增长迅速，但在很大程度上主要是依靠自然资源、资金和劳动力等生产要素粗放型生产实现的。科技进步体现在宏观经济的各项指标相对弱化，对俄罗斯的经济增长贡献并不是很高，直接测量纯技术进步较为不易，宜采取间接的方式予以测算。因而，我们可以采用索洛提出的测量科技进步贡献的增长速度方程对其进行测算。在索洛模型中，仅有资本、劳动和科技进步三要素共同决定经济增长。由于俄罗斯的科技进步水平不高，因此，我们将经济增长中的科学管理创新、政策变化、体制、结构优化等所有扣除资本和劳动之外的因素统统归于广义科技进步，这样测算的结果就无须细化，可以更真实地反映俄罗斯科技进步与科技创新水平。因此，对俄罗斯的科技进步与科技创新贡献率，我们将采用索洛增长速度方程进行测算。

二　模型测算的原理方法

（一）模型设定

柯布—道格拉斯生产函数为不变替代弹性生产函数中最广泛应用的生产函数，体现了资本、劳动和科技进步三要素与经济增长之间的关系，我们将分别计算三要素对经济增长的各自贡献率。该生产函数其表达式为：

$$Y_t = A_t L_t^\alpha K_t^\beta$$
$$Y_t > 0,\ A_t > 0,\ K_t > 0,\ \alpha > 0,\ \beta > 0 \tag{6.1}$$

式中，Y_t代表总产出，A_t为科技进步贡献率，L_t为劳动投入，K_t为资本投入，α、β分别为劳动产出弹性和资本产出弹性。对式（6.1）两边取自然对数，可得式（6.2）：

$$\ln Y_t = \ln A_t + \alpha \ln L_t + \beta \ln K_t \tag{6.2}$$

经济增长中各要素的产出弹性是分析经济增长科技进步贡献率的重要因素。某要素的产出弹性是指在一定技术和其他要素保持不变时，该要素投入增长1%所引起的总产出增长的百分比，用以反映总产出对该要素变化反应的敏感程度。

一般而言，线性表达式减少了要估计系数的数量，同时也消除了解释变量的多重共线性问题。通常情况下，$\alpha + \beta = 1$，即我们要采用索洛增长速度方程对科技进步贡献率进行测算，该方法是基于生产函数的规模收益不变、生产者均衡和技术变化中性的假设下提出的。对于索洛增长速度方程 $r = y - \alpha l - \beta k$，其中，r 为科技进步，y 为经济产出，l 为劳动增长速度，k 为资本增长速度。因此，式（6.1）可改写为：

$$Y_t = A_t L_t^\alpha K_t^{1-\alpha} \tag{6.3}$$

式（6.3）可被改写为：

$$\frac{Y_t}{L_t} = A_t \left(\frac{K_t}{L_t} \right)^{1-\alpha} \tag{6.4}$$

对式（6.4）两边取对数，使其转化为线性表达式得：

$$\ln \frac{Y_t}{L_t} = \ln A_t + (1-\alpha) \ln \left(\frac{K_t}{L_t} \right) \tag{6.5}$$

（二）资本、劳动产出弹性

劳动产出弹性 α 表示劳动要素投入的改变对产出改变的影响。由函数弹性的定义可知，劳动产出弹性可以表示为：

$$\frac{\Delta Y/Y}{\Delta L/L} = \frac{\Delta Y}{\Delta L} \frac{L}{Y} = \frac{\partial Y}{\partial L} \frac{L}{Y} (\Delta L \to 0) \tag{6.6}$$

再由式（6.2）两边对 L 求导，可得：

$\frac{1}{Y_t}\frac{\partial Y_t}{L_t} = \alpha \frac{1}{L_t}$，可得 $\alpha = \frac{\partial Y_t}{L_t}\frac{L_t}{Y_t}$

资本产出弹性 β 表示资本要素投入的改变对产出改变的影响。由函数弹性的定义可知，资本产出弹性可以表示为：

$$\frac{\Delta Y/Y}{\Delta K/K} = \frac{\Delta Y}{\Delta K}\frac{K}{Y} = \frac{\partial Y}{\partial K}\frac{K}{Y}(\Delta K \to 0) \tag{6.7}$$

再由式（6.2）两边对 K 求导，可得：

$\frac{1}{Y_t}\frac{\partial Y_t}{K_t} = \beta \frac{1}{K_t}$，可得 $\beta = \frac{\partial Y_t}{K_t}\frac{K_t}{Y_t}$

（三）科技进步对经济增长的贡献率

经济增长表现为一定时期内经济系统内总产出的增加，经济增长率可以表示为：

$$\frac{\Delta Y}{Y} = \frac{1}{Y}\frac{\partial Y}{\partial t}(当 Y 表示为时间 t 的函数时) \tag{6.8}$$

由式（6.2）可以将式（6.8）改写为式（6.9）：

$$\frac{\partial \ln Y_t}{\partial t} = \frac{1}{Y_t}\frac{\partial Y_t}{\partial t} = \ln A_t + \alpha \ln\left(\frac{1}{L_t}\frac{\partial L_t}{\partial t}\right) + \beta \ln\left(\frac{1}{K_t}\frac{\partial K_t}{\partial t}\right) \tag{6.9}$$

由式（6.5）的含义可知，式（6.9）右边第 2 项中的 $\left(\frac{1}{L_t}\frac{\partial L_t}{\partial t}\right)$ 恰为劳动要素在一定时期内的增长率；同理，右边第 3 项中的 $\left(\frac{1}{K_t}\frac{\partial K_t}{\partial t}\right)$ 恰为资本要素在一定时期内的增长率。

所以，式（6.9）左边的 $\frac{1}{Y_t}\frac{\partial Y_t}{\partial t}$ 为总产出的增长速度 y，而 $\alpha\left(\frac{1}{L_t}\frac{\partial L_t}{\partial t}\right)$ 为劳动增长速度对总产出增长的贡献，$\beta\left(\frac{1}{K_t}\frac{\partial K_t}{\partial t}\right)$ 为资本增长速度对总产出增长的贡献，即：

劳动增长贡献率 $E_L = \alpha\left(\frac{1}{L_t}\frac{\partial L_t}{\partial t}\right) \times 100\%$

资本增长贡献率 $E_K = \beta\left(\frac{1}{K_t}\frac{\partial K_t}{\partial t}\right) \times 100\%$

$\ln A_t$ 表示着科技进步对总产出增长的贡献，在实际测算中，科技进步贡献率的计算公式为：

$$E_A = (1 - E_L - E_K) \times 100\%$$

在本书中，总产出、劳动和资本的年平均增长速度均按照水平法进行计算。总产出 Y 增长速度计算公式为：$y = \sqrt[t]{\dfrac{Y_t}{Y_0}} - 1$，其中，$Y_t$ 为测算期第 t 年产出，Y_0 为基期产出；劳动 L 增长速度计算公式为：$l = \sqrt[t]{\dfrac{L_t}{L_0}} - 1$，其中，$L_t$ 为测算期第 t 年劳动投入，L_0 为基期劳动投入；资本 K 增长速度计算公式为：$k = \sqrt[t]{\dfrac{K_t}{K_0}} - 1$，其中，$K_t$ 为测算期第 t 年资本投入，K_0 为基期资本投入。

三 俄罗斯科技进步贡献率的测算

（一）变量选取与数据来源

由于科技作用的发挥具有一定的滞后性，因此，对 Y、K、L 的时间序列选择应该以中长期为宜，至少为 5 年。考虑到俄罗斯转型经济的特殊性以及金融危机的冲击，为了更加准确地表现出俄罗斯各生产要素对经济增长的贡献，因此，本书将俄罗斯转型以来划分为 3 个阶段，即 1992—1997 年、1998—2008 年和 2009—2017 年。按水平法进行计算的产出（Y）、资本（K）和劳动（L）的年平均增长速度见表 6-4。

（1）经济产出量（Y）：一般而言，经济产出量（Y）将选择俄罗斯国内生产总值（GDP），为了消除价格变动影响增加数据的可比性，本书将选择 3 个时间段的可比价格 GDP 来表示经济产出量。

（2）资本投入量（K）：资本投入量（K）是指某一时间总资本投入。同样，为了消除价格变动的影响而增加数据的可比性，本书将选择 3 个时间段的可比价格的总资本投入来表示资本投入量。

（3）劳动投入量（L）：劳动投入量（L）是指经济生产投入的劳动量。考虑到劳动力的质量，本书将引入人力资本这一内生变量，并以此来反映劳动投入。人力资本存量的计算采取受教育年限累积法，即：

表 6-4　　　　　　　　　俄罗斯相关数据及其测算

年份	GDP (Y)	总资本投资 (K)	就业劳动力 (L)	$\ln\left(\dfrac{Y_t}{L_t}\right)$	$\ln\left(\dfrac{K_t}{L_t}\right)$
1992	88095.37	42621.52	18895.9499	6.144643	5.41855835
1993	80458.79	30090.09	18223.2703	6.090216	5.106666553
1994	70345.31	20701.98	17468.5276	5.998186	4.774998636
1995	67430.54	18466.17	17532.0315	5.952239	4.657080752
1996	65003.04	15880.90	19778.3419	5.795017	4.385699944
1997	65913.08	15229.79	19152.9373	5.841051	4.375967147
1998	62419.69	8345.92	18796.014	5.805406	3.793298417
1999	66414.55	7795.09	19808.3552	5.814982	3.672560577
2000	73056.00	13657.00	20082.6294	5.896541	4.219567167
2001	76776.00	15943.00	19718.597	5.9645	4.392627845
2002	80418.00	15523.34	19648.2004	6.014422	4.369529023
2003	86285.18	17743.18	19209.8	6.107407	4.525750593
2004	92476.96	19907.84	21913.4476	6.045029	4.509183471
2005	98373.46	21799.09	22121.2862	6.097401	4.590498009
2006	106394.28	25657.53	22451.1003	6.160982	4.738667535
2007	115475.12	31302.18	23282.0215	6.206544	4.901176565
2008	121535.20	34588.91	23657.1322	6.241709	4.985038711
2009	112030.07	20407.46	23087.3809	6.184651	4.481784423
2010	116892.10	26284.81	23266.0287	6.219427	4.727166937
2011	121959.73	31752.05	23437.0769	6.254542	4.908808084
2012	127691.60	35323.56	23383.3142	6.302765	5.017697538
2013	129971.15	33362.38	23290.4500	6.324439	4.964555744
2014	130931.89	31339.57	23233.2253	6.334264	4.904468324
2015	127228.91	27141.26	23213.1548	6.306439	4.761505965
2016	126943.04	27557.30	23184.2991	6.305433	4.777962545
2017	128904.31	29592.72	22996.8862	6.328882	4.857339876

注：(1) 表中数据根据世界银行（WB）和世界货币基金组织（IMF）数据库计算得出；(2) 表中第2、第3列为可比价格，单位为"亿卢布"；第4列单位为"万人"。

$$L_t = \sum_{i=1}^{3} LE_{it} h_i$$

结合俄罗斯的教育实际，将劳动力区分为小学、中学、大专及以上，因此，公式中的 i = 1、2、3 分别表示小学、中学、大专及以上，L_t 表示 t 年投入的人力资本总量，LE_{it} 为 t 年第 i 学历层次的劳动力人数，h_i 为第 i 学历水平受教育年限。由于俄罗斯的小学毕业为 4 年，中学毕业为 11 年，大专及以上毕业为 16 年。受教育年限即为不同人力资本水平的权重。另外，为尽可能地反映实际劳动投入量，将采用俄罗斯实际就业人力资本量值参与测算。

（二）参数估计

我们结合等式（6.5）$\ln \frac{Y_t}{L_t} = \ln A_t + (1-\alpha) \ln\left(\frac{K_t}{L_t}\right)$，选取 $\ln \frac{Y_t}{L_t}$ 为被解释变量，$\ln A_t$ 与 $\ln\left(\frac{K_t}{L_t}\right)$ 为解释变量，直接利用表 6-4 中的数据，通过 Eviews10.0 软件采用最小二乘法（OLS）可得式（6.5）的估计结果如表 6-5、表 6-6 和表 6-7 所示。

表 6-5 　　　　参数合理性检验结果（1992—1997 年）

变量	相关系数	标准差	t 统计量	概率
lnA	4.424219	0.181252	24.40924	0.0000
lnK/L	0.322993	0.037751	8.555874	0.0010
拟合优度 R^2	0.948189	因变量均值	5.970225	
调整的拟合优度 R^2	0.935236	因变量标准差	0.136608	
回归标准误差	0.034765	赤池信息准则	-3.619204	
残差平方和	0.004834	施瓦茨标准	-3.688617	
对数似然值	12.85761	汉南—奎因标准	-3.897072	
F 统计量	73.20299	杜宾—沃森统计值	2.004912	
概率（F 统计值）	0.001025			

表6-6　　　参数合理性检验结果（1998—2008年）

变量	相关系数	标准差	t统计量	概率
lnA	4.470417	0.124217	35.98867	0.0000
lnK/L	0.352794	0.027949	12.62284	0.0000
拟合优度 R^2	0.946536	因变量均值	6.032266	
调整的拟合优度 R^2	0.940595	因变量标准差	0.149288	
回归标准误差	0.036486	赤池信息准则	-3.626294	
残差平方和	0.011916	施瓦茨标准	-3.553949	
对数似然值	21.94462	汉南—奎因标准	-3.671897	
F统计量	159.3361	杜宾—沃森统计值	2.017994	
概率（F统计值）	0.000000			

表6-7　　　参数合理性检验结果（2009—2017年）

变量	相关系数	标准差	t统计量	概率
lnA	5.455184	0.068076	80.13324	0.0000
lnK/L	0.362424	0.014456	11.23566	0.0005
R统计量	0.992141	因变量均值	6.219540	
调整的拟合优度 R^2	0.984282	因变量标准差	0.034946	
回归标准误差	0.004381	赤池信息准则	-7.788254	
残差平方和	1.92E-05	施瓦茨标准	-8.389179	
对数似然值	13.68238	汉南—奎因标准	-8.996190	
F统计量	126.2401	杜宾—沃森统计值	2.985255	
概率（F统计值）	0.000512			

下面我们将分别对以上不同时间段的统计结果进行检验：

（1）R检验：拟合优度检验。由于3个时间段的 R^2 分别为 0.948189、0.946536、0.992141，调整的拟合优度 R^2 分别为 0.935236、0.940595、0.984282，接近于1，这说明样本回归直线对于样本观察值的拟合优度非常高。

（2）F检验：3个时间段的F统计量分别为 73.20299、159.3361、126.2401，明显大于F临界统计值，显著性水平分别为

0.001025、0.000000、0.000512 远远小于 0.05，因而，可判定解释变量 $\ln\left(\frac{K_t}{L_t}\right)$ 与被解释变量 $\ln\frac{Y_t}{L_t}$ 的变动具有显著的线性关系，估计的生产函数回归方程具有明显的解释力，因而显著成立。

（3）t 检验：在 3 个时间段中，解释变量 $\ln\left(\frac{K_t}{L_t}\right)$、$\ln A_t$，除了 $\ln\left(\frac{K_t}{L_t}\right)$ 检验水平概率在 1992—2017 的 3 个时间段中分别为 0.0010、0.0000、0.0005，显然低于 0.05，说明参数 t 值显著，即资本、科技进步与产出显著相关。因此，我们可确定：

1992—1997 年时间段的（1 − α）= 0.322993，α = 0.677007，β = 0.322993；

1998—2008 年时间段的（1 − α）= 0.352794，α = 0.647206，β = 0.352794；

2009—2017 年时间段的（1 − α）= 0.362424，α = 0.637576，β = 0.362424。

（三）俄罗斯科技进步贡献率的测算

我们按照上文中提出的水平法对总产出、劳动和资本的年平均增长率进行计算，结果见表 6 - 8。

表 6 - 8　俄罗斯不同时期的年均增长率及其生产要素贡献份额　单位：%

时间（年）	年均增长速度 总产出（Y）	资本（K）	劳动（L）	贡献份额 资本（K）	劳动（L）	科技进步（EA）
1992—1997	-5.64	-18.62	0.28	106.6335	-3.361	-3.272477
1998—2008	6.89	15.28	2.33	78.23937	21.887	-0.126013
2009—2017	1.77	4.75	-0.05	97.260678	-1.801	4.540384

四　测算结果分析及其结论

根据测算结果我们可以发现，就 1992—1997 年和 1998—2008 年这两个阶段而言，俄罗斯的经济增长主要依赖于资本贡献和劳动投入，各要素对经济增长贡献大小顺序依次为资本、劳动与科技进步；随着俄罗斯转型的开始与深入，各要素贡献有所变化，但是，贡献的大小顺序并没有改变。在2009—2017年阶段，资本对经济增长的贡献有了较大回升，但劳动对经济增长的贡献却开始下降；另外，科技进步的贡献率超过劳动对经济增长的贡献。

首先，关于资本的贡献，总体而言，俄罗斯经济增长主要是依靠资本投入拉动的。但是，随着市场化转型，俄罗斯的资本贡献率逐步呈现先降后升的趋势，这体现了俄罗斯经济增长的资本投入对GDP贡献的先降后升的变化情况，并且贡献比重依然很大；这尽管说明俄罗斯经济增长方式出现了一定程度的积极变化，但俄罗斯总的经济增长状况依然不容乐观。

其次，关于劳动的贡献，在俄罗斯1992—1997年的经济增长大幅下滑时期，俄罗斯的劳动投入对于经济增长的贡献率为负值；当1998年经济企稳进入恢复性增长以后，俄罗斯的劳动投入亦即人力资本逐步发挥对经济增长的推动作用，但2009年以来的数据显示，俄罗斯的人力资本出现负增长，对经济增长的贡献开始降低并变为负值。

最后，关于科技进步的贡献，在1998年之前，科技进步对经济增长的贡献率为负值。但1998年之后，科技进步对经济增长的贡献开始逐步显现，尽管贡献不高，但是，呈现增长趋势，并且在2008年以后对经济增长的贡献超过劳动对经济增长的贡献。

因此，根据表6-8中的数据，我们可以做出以下判断：

第一，俄罗斯的资本投入仍是其经济增长的主要动力，经济增长方式仍未发生实质性改变。通过表6-8我们可以看出，资本对经济增长贡献由1992—1997年的占绝对优势的106.6335%，到1998—2008年和2009—2017年两个时间段的78.23937%和97.260678%，仍然占据绝对优势。这说明俄罗斯仍然为外延式增长模式，对资金投入的依赖性很强，经济增长方式尽管出现了一定的积极变化，但并无实质性改变。

第二，俄罗斯对科技投入逐年增加，科技进步对经济的贡献呈现上升趋势,但份额很低。经测算显示,1998—2008 年,俄罗斯的研发(R&D)投入年均增长率为 7.81%,而俄罗斯的资本投入增长速度为 15.28%。俄罗斯的资本投入几乎完全掩盖了科技进步贡献。一般而言,科技投入对于一国经济增长存在一定的滞后效应,对经济增长一般不能在当期显现。因此,与 1998—2008 年阶段相比,俄罗斯科技进步在 2009—2017 年阶段显示正效应。尽管俄罗斯科技进步贡献率很小,但这也体现了俄罗斯科技进步对经济增长贡献正逐步加大的趋势。

第三,俄罗斯人力资本对经济增长的贡献先是增加,而后又降低。人力资本增长的速度远低于资本增长速度,经济增长对人力资本的依赖先是增强而后又减弱。

总之,借助柯布—道格拉斯函数,采取索洛余值法,并选取相关数据,对俄罗斯的科技进步贡献率进行测算。测算结果显示,俄罗斯的经济增长主要还是靠资本投入驱动。人力资本投入和科技进步对经济增长贡献尽管比重还不高,但科技进步贡献率总体呈上升趋势。俄罗斯的科技进步与科技创新在一定程度上促进了经济增长,这也体现了俄罗斯经济增长模式出现了一定的积极变化态势,但是,作用仍然有限,其经济增长方式仍未发生实质性改变。

第七章 俄罗斯科技创新效应深层次原因与创新型国家建设前景

经过科技体制转型，俄罗斯基本确立了市场与政府结合的科技创新制度框架，并使俄罗斯科技发展取得了一定的成绩。但是，俄罗斯的科技创新尚未成为经济增长的主要驱动力。这与拥有雄厚的科技创新潜力的地位是不相称的。俄罗斯科技创新经济效应的有限性有着其深层次的原因。这些深层次的原因也影响着俄罗斯创新型国家目标的实现。

第一节 俄罗斯科技创新效应深层次原因分析

经济转型之后，俄罗斯为其科技创新的实现提供了市场基础，并且逐步积极地发挥政府的作用。然而，结果并未出现令人期待的活跃的科技创新，科学知识创新较强，而技术创新相对较弱。这是由俄罗斯的科技体制的路径依赖、转型约束、"资源诅咒"以及经济全球化等众多约束因素决定的。

一 俄罗斯科技体制的路径依赖

（一）路径依赖

路径依赖定义了一个动态过程的集合，在该集合中，经济系统的每一刻发生的小事件都会产生长期的影响，通常具有不可逆性、不可分割性以及参与者结构化的行为。但是，路径依赖的过程轨迹并非完全基于原始事件而被预期出来。

路径依赖这一概念最初是由戴维（David，1985）提出来的，认为技术的相关性、投资的准不可逆性和规模报酬递增导致技术变迁领域的路径依赖。后来，阿瑟（Arthur，1989）对其进行了发展，认为新技术的采用一般具有报酬递增和自我强化机制。某种技术可以依靠先发展起来的先占优势，实现规模报酬递增，降低学习成本，协调采纳者的行动和适应性预期，通过实现自我增强的良性循环，在竞争中取胜。否则，一种技术即使比原技术更加优良，但是，由于缺少足够的追随者将会陷入恶性循环，甚至被锁定在某种被动状态之下。某些历史偶然或微小事件将会把技术发展引入特定路径而导致结果迥异。

接着，诺思（1990）将技术演进过程中的这一自我强化机制和路径依赖性质的论证推广到制度变迁领域，创立了制度变迁的路径依赖理论。该理论认为，制度一旦选择了某种路径，将会沿着这个既定的方向进行自我强化。但是，这种既定方向的自我强化将可能导致两种路径依赖形式的出现：一种是迅速优化而进入良性循环轨道。一系列的外部效应、组织学习过程及其主观模型都会加强这一形式，允许组织在不确定性的条件下选择最大化目标、试验，建立各种有效反馈机制，保护组织产权，进而引致长期的经济增长。另一种沿着原来的错误路线继续被锁定在无效率状态下进入恶性循环。在市场不完全、组织无效的情况下会阻碍经济增长，并产生一些与该制度共存共荣的组织和利益集团，其不但不会进一步投资，而且还会加强现有制度，使这种无效制度继续下去，若想改变这种状态，则需要借助外部力量或依靠政权的变化。除报酬递增外，制度变迁的路径依赖与技术领域的路径依赖的不同之处，还在于不完全市场中交易成本的存在。交易成本的存在使制度在路径依赖过程中发挥着极为重要的作用。诺思的研究表明，路径依赖不仅仅是由历史偶然或微小事件引起，更多的是由行动者的有限理性以及制度转换的较高交易成本所引起的，与技术变迁相比，制度变迁将更加复杂。制度安排最初具有一定的随机性，这不取决于参与者的主动选择，而是决定于某一主体或某一资源禀赋，一旦形成惯性，制度安排将沿着既定方向进行，当达到某种量的时候，制度的改变需要支付相当大的成本；同时，制度一旦被选择，其各方主体的互动将是一个博弈的过程，每种制度安排都是多方博弈的结果，一旦形成，各主体间的关系也就相应地固定下来，受制于交易成本的限制，每一个主体都无勇气去打破这一安排，最后导致信念固化。

马奥尼（Mahoney，2000）对路径依赖的原理进行了说明：①在时间1的初始状态，存在A、B、C等多种选择；②在时间2的关键点，B选择受到青睐，这是偶然事件；③这就形成了时间3的自我强化阶段，一旦选择B，会继续选择B而形成一种"惯性"，这是由于B选择属于选择的初始状态选择。①

（二）路径依赖对俄罗斯科技体制及其科技创新的影响

路径依赖在俄罗斯科技体制转型过程中同样发挥着重要作用，决定并影响着科技体制制度变迁的轨迹。俄罗斯在市场化经济转型过程中，其科技体制也是沿着原来的特定路径进行变迁的，包括科技资源的流动也是沿着原来的路径配置的。而且一旦采用某种新的路径，实现对其突破尤为困难。

苏联曾经以计划经济为基础建立起了暂时的相对平衡和合理的科技创新体制，能够在短期内高度集中调配有限的国家资源而实现资源的聚合，再加上顺应了第二次、第三次科技革命的发展趋势，并因此取得了丰富的科技创新成果，尤其是基础科学研究以及国家规划的重大项目或紧急项目。在苏联成立初期和第二次世界大战结束后都为其科技发展发挥了重要作用。很多尖端科技达到了世界领先水平，只用了短短数十年时间就实现了对欧美发达国家的科技赶超。例如，苏联基础科学研究占优势的学科有物理学、数学、核聚变学、化学、生物学、地球学、宇宙学等，该领域的学术论文数量也仅次于美国；在第

---

① Mahoney,"Path Dependence in Historical Sociology", *Theory and Society*, Vol. 29, No. 4, 2000, pp. 507 – 548.

第七章　俄罗斯科技创新效应深层次原因与创新型国家建设前景 | 163

二次世界大战后，苏联曾有8位自然科学家获得诺贝尔奖。[①] 基础科学研究的巨大成就，不但使苏联在高科技领域达到历史最高以及世界先进水平，同时也带动了应用科学、工程技术的迅猛发展，如在航空、机械制造、能源、冶金等诸多领域均取得了突破性成果。"1987年的专利登记数为83659件，约为日本的1.5倍、美国的2倍、联邦德国的5倍。"[②]

经济的快速增长为苏联政府增加科技投入提供了强有力的财政支持，同时科技发展又对经济增长具有促进作用。苏联的科技进步引发了产业革命，不仅使钢铁、机械制造等传统产业的技术更新与扩建，而且宇航、核能、电子等新兴产业也逐步建立，苏联也因此建成了强大而完整的现代工业体系，促进了经济高速增长。"自1950—1978年，苏联社会总产值增长6.9倍，年均增长7.7%，成为继美国之后的世界第二经济军事大国。"[③]

因此，我们不能否定计划体制对科技创新的正向作用，正如前文所述，不同类型的科技创新需要不同的力量促使其实现，我们不可忽视政府计划的重要作用，不能完全否定政府的计划性，这也是科技自身的特殊性所需要的，这种基础研究以及重大项目的创新正是依靠政府"计划"的实施所实现的。

然而，苏联这种在一定特殊条件下为生存而产生的高度集中的传统计划经济模式有着很大的负面效应，在和平发展时期，不但没有对其进行改革调整，而是沿着这一路径进一步对其固化、神圣化。这也形成了苏联的粗放型经济增长模式，由此产生了严重的创新惰性，尤其是军事化导向使本可军民共用的科技成果被封锁在军工部门。同时，僵化的意识形态、缺少企业家精神至今还严重影响着俄罗斯的科

[①] 苏联8位获得诺贝尔奖的自然科学家分别是：1956年为尼古拉·谢苗诺夫，1958年的帕维尔·切连科夫、伊利亚·弗兰克、伊格尔·塔姆，1962年为列夫·朗道，1964年为尼古拉·巴索夫、亚历山大·普罗霍洛夫，1978年为彼得·卡皮察。除尼古拉·谢苗诺夫获得诺贝尔化学奖之外，其余7位均获得诺贝尔物理学奖。

[②] [日]江南和幸：《改革与苏联的科学技术政策》，《生产力研究》1990年第6期。

[③] 李建中：《第四次科技革命与苏联解体》，《江苏行政学院学报》2001年第1期。

技创新的实现与发展。

苏联传统的计划经济体制尽管在特定的时期可以促进经济社会的发展,但是却存在很大的弊端。理想状态的计划经济体制包含两个前提假设：单一利益主体和完全信息。但事实上,这是根本不可能的,国家、集体、个人都有着各自不同的利益,这也进一步导致各方利益主体在谋求自身利益的目标下传递信息会失真。首先,软预算约束[①]导致了国有企业的低效率。根据科尔奈的理论框架,正是由于软预算约束的存在,国有资产所有者权利无法得到有效保护,国有企业的亏损、亏空与财政补贴日趋严重,这使国有资产大量流失。"科技创新的事后筛选特征,决定了它必须通过大量生与死并存的硬预算约束的市场筛选机制方能有效地实现。"[②] 其次,有效激励缺失。就经济学角度而言,公有制的制度安排使社会成员追逐自身利益与集体共同占有财产之间形成矛盾,这种矛盾的存在决定了对社会成员的有效激励缺失。该制度安排使每个社会成员行为具有外在性,无法通过自身努力实现收益最大化,因而在收益相同的前提下,只能是付出最小化,也就出现了"搭便车"行为。因此,单纯依靠公有制的经济制度无法实现对其成员进行有效激励。计划经济体制对劳动者积极性的调动更多的是依靠政治思想工作、威胁、惩罚、发号施令与强制执行。从各社会主义国家的实践来看,政治思想工作的效力并非是长期的,一般为二三十年,然后就需要依靠物质奖励来调动各方面的积极性；而对于分配的任务不得不谨慎地在威胁和强制下完成,但一般不会超过定额,以免下期任务被提高。最后,信息滞后。政府的科学决策需要依据准确全面的信息。而政企之间的信息不对称以及奖励不相容加剧了政府的有限理性。企业经理总是根据实现自身利益目标来筛选甚至扭曲信息,这将导致政府因信息短缺或者获取片面甚至错误的信息而决策质量不高。

苏联的计划经济体制对科技创新同样产生了消极影响。首先,对

---

① 软预算约束指的是生产和投资计划不经济的国营企业不会有破产的危险。
② 李晓:《"新经济"为什么出现在美国》,《东北亚论坛》2000年第1期。

第七章　俄罗斯科技创新效应深层次原因与创新型国家建设前景 ▎165

科技创新同样缺乏有效激励。企业经营者或劳动者可能知道如何改良产品，但并无足够的动力去做。开发新产品并不一定会得到奖励，但是，一旦失败将受到惩罚。对科技创新的激励与所承担的风险极不对称。"在苏联传统经济体制模式中，企业是国家计划算盘上的珠子，完全处于附属和被动地位，缺乏生机和动力；同时，企业内部的一言堂和分配上的平均主义也使职工对企业生产和国民经济的发展缺乏积极性和责任感。"① 其次，形成了粗放型经济增长模式，并进一步制约着科技创新的发展。苏联为完成计划而单纯地追求数量和速度，热衷于创建新企业，轻视现有企业的技术改造，赫鲁晓夫号召要在15年内赶上并超过美国。这种片面追求数量和速度的粗放型经济增长的观念根深蒂固，造成了原材料和资源的极大浪费。到20世纪80年代初，与美国相比，苏联单位国民收入电耗要多20%，水泥消耗要多80%，钢消耗要多90%，石油消耗要多100%。苏联生产出的煤炭、化肥、钢铁、粮食在运输、储存、加工、使用中损耗达1/3左右。② 这种粗放型经济增长模式使苏联经济增长日趋缓慢。"据苏联自己的统计，1951—1960年，苏联社会总产值年均增速为10%，国民收入年均增速为10.25%；1961—1970年，该指标分别为6.9%、6.45%；1971—1980年则下降为5.3%、4.95%。美国的统计同样证实了这种发展趋势：苏联GDP年均增长率1951—1960年为5.8%，1961—1970年为5.1%，1971—1975年为3.7%。"③ 这种片面地追求数量和速度的经济增长模式自然缺少对科技创新的诉求，这样，更能减少由于创新带来的不确定性和风险。创新不但要投入大量资源，而且一旦成功，将被以此追加新的任务，出现棘轮效应。相反，产品的更新换代周期越长越有利，更容易完成上级下达的任务。因此，大批工业产品科技含量不高。

苏联的军事化导向至今制约着民用科技事业的发展。第二次世界

---

① 李晓：《苏联经济体制新模式初探》，《国际技术经济研究学报》1989年第10期。
② 王金存：《苏联剧变的经济体制因素》，《东欧中亚研究》1997年第6期。
③ 程又中：《苏联模式的形成、僵化及其教训》，博士学位论文，华中师范大学，2000年。

大战期间，为确保战争的胜利，苏联的经济体制具备了准军事型的特征，科技发展具有了明显的军事化特点。科研根据战争的需要进行了全面调整，飞机、坦克、军舰潜艇等军用设备不断完善，军需物资工业的生产力大幅提高，这使苏联的国防工业很快就处于世界领先地位。第二次世界大战胜利后，尽管国民经济恢复与和平发展成为当时的主要任务，但是，由于"冷战"的开始、美苏争霸与军备竞赛，科研方向基本没有调整，并且在国防工业这一基础上倾全力发展宇航、电子等技术，直接与军事有关的核武、激光、电子、导弹等尖端科技得以优先发展，而民用工业与农业等方面的科技发展却被忽略，结果导致了民用科技与军事科技极不相称的落后局面。

这种军事化导向对民用科技事业的发展制约突出体现在两个方面：一是由于资源的有限性制约了对民用科技事业的投入。"军备竞赛耗费了苏联巨大的财力，苏联在军事上最强大的时期，也是国民经济不堪重负的时期，苏联军费开支长期占GDP的8%—10%，是官方数字的3—6倍；20世纪80年代初期，GDP不及美国70%的苏联，对外军事援助竟是美国对外军事援助的2倍。"[①] 除了财力投入，最优秀的科技人才也主要集中在国防军工部门。根据西方学者估测，"冷战"时期，苏联约有80%的科技人员在军事或相关部门机构工作，而在民用部门仅约为20%。二是严重的军事导向阻碍了科技成果的扩散。尽管这种军事化在一定程度上刺激了苏联的经济增长，但是，因军事科技多涉及国家安全，因而其成果扩散也就要不可避免地受到很大程度的制约，大量的科技成果被封闭于军事部门，且科研机构之间实行严格的保密制度，科技信息无法自由流动，大大影响了民用产品开发，部分被转为民用的科技成果也要耗费较长的转移时间与很大的转移成本，这使科研投资的经济效益很低，只是面向极其有限的军用市场。然而，科技创新若无广阔的民用市场支持，则很难实现其真正意义上的价值，难以成为促进经济增长的主要力量。另外，军事化也限制了苏联与发达国家的科技交流。

---

① 詹德斌、潘正祥：《苏联瓦解的科技根源》，《广东社会科学》2001年第5期。

俄罗斯重建科技创新体制不得不面临着苏联的这一科技体制基础：对民用科技投入不足，未能形成国防科技带动民用工业发展的良性循环。尽管苏联末期苏共领导人认识到这一问题并提出"军工产业民用化、科学与生产结合"，俄罗斯转型以来，也出台了不少政策，构建国家创新体系，尽管取得了一定的成绩，但是，很大程度上只是停留在政策文件中。俄罗斯的国防军工产业在很长一段时间沿着这一路径发展，且很难发生改变。

苏联的意识形态刚性仍对俄罗斯的科技创新有着制约作用。科技领域更需要自由，这有助于科技创新的实现，科技知识本身也是没有阶级性的。然而，苏维埃政权很大程度上将科学家视为资产阶级代表，认为其在不断地对新生的社会主义进行侵蚀。曾在 1918—1919 年的内战时期，大批科学家、技术专家就遭受迫害甚至被处死，有的被驱逐出境，如飞机工程师伊戈尔·西科尔斯基逃到美国后成为直升机设计的一流专家。自 20 世纪 20 年代始，苏联将科学划分为两个阶级的科学，这使很多正常的学术交流讨论变成了敏感的政治问题，并掀起了揭发"反苏维埃"资产阶级分子运动，涉及经济学家康德拉基耶夫、乌克兰科学院副院长叶弗列莫夫、历史学家格鲁谢夫斯基等著名科学家。1927—1936 年，苏联建立现代航空工业，然而数以千计的航空专家以"敌对思想传播者""唯心主义者"的罪名被捕。1929 年，苏联科学院遭到清洗。尤其是 1936—1938 年著名的"大清洗"运动，因其对苏联科技发展的残酷摧残而被作为科技发展最黑暗的一页永载科学史册。这种意识形态刚性对苏联的科技进步影响造成的灾难是难以估计的，不但痛失了大批的优秀科学家，而且使"科研人员数量在 20 世纪 80 年代以后增速几乎停滞，从 1985—1998 年科研人员总数的增长仅仅为 3.5%，每万人中仅有 128 人从事科研工作，而美国是 152 人。并且科技领域的老龄化趋势已经凸显，在 20 世纪 80 年代，苏联有博士学位并接近退休年龄的科研人员占比已超过 40%，然而，美国同期同类人员占比仅为 19%。苏联这种意识刚性对科技事业所带来的负面影响并非是在短期内能消除的，而且在相当长的时期内仍将一直存在，况且，斯大林及其以后包括俄罗斯在内的历届中央政府并未从根本上消除意识形态对科技事业的束缚。

就俄罗斯的宏观环境而言，苏联的计划经济及其强大的惯性，强化和刺激着原来的制度，使制度变迁的轨迹对原来的计划经济体制有着较强的路径依赖性，这是由于沿着原路径和既定方向的交易成本要低得多，这在某种程度上会阻碍科技体制制度安排创新。就科技体制的组织机构而言，对传统的国家计划方式也具有路径依赖性，习惯于国家制订计划、划拨经费进行科技成果的研制与推广，习惯于原来社会意识形态和思想文化观念。转换和替代这种制度，就意味着利益关系的重新调整和分配，这必将会遇到各方面的阻力，既定利益集团为了维护自己的利益，力图巩固现有的制度，即使是新的科技制度安排更有效率也很难继续推广下去。

苏联科技创新的政府推动模式仍未完全改变。长期以来，俄罗斯的科技创新主要是由政府驱动实现的，科技成果也由政府投资进行研制，然后进行推广，技术选择的主体是政府，而非市场。国家通过行政命令，自上而下地、强制性地发动和组织基层单位完成。这种科技创新体制也是在计划经济体制下逐步形成的。

俄罗斯的科技创新在适应市场经济的过程中由"政府推动"逐步转向"市场需求"，由传统的直线模式向现代的非直线模式转变。但是，由于科技体制的路径依赖对科技体制的制度变迁轨迹具有决定性的影响和作用，科技创新效率不高，科技体制也很难适应市场经济的要求。比如，1992—2001年已登记的发明和有利用价值的新型设计能够进入商业交易的还不到5%。俄罗斯科研机构的研发活动在很大程度上仍带有行政性，并且建立在垄断的基础上，没有表现出明显的竞争性。

总之，俄罗斯科技体制的路径依赖，使俄罗斯科技发展更多地延续了苏联时期科技体制的特点，仍未彻底摆脱苏联的僵化制度，部门条块分割严重，公共科研院所比重过高，官产学研的合作创新有限，私人研发投入不足，政府为主的研发资助模式低效，创新环境对创新活动激励不足，科技难以与市场经济实现有机结合，这在很长一段时间内将难以改变。这也就决定了俄罗斯科技创新在优化产业结构、促进经济增长方面作用的有限性，并将经济增长锁定在一个低水平的陷阱之中。

二 俄罗斯科技创新的转型约束

市场化经济转型就根本而言属于制度变迁，在这一过程中，科技创新的发展也将受到转型目标、转型路径的制约。

通过前面的理论分析我们可以知道，市场经济可以对科技创新提供有效激励，有利于科技创新的实现。然而，这与俄罗斯这样的市场化转型国家是不完全相符合的。俄罗斯在转型之前实行的是计划经济而非市场经济，市场经济的建立与完善并非依靠强制性制度变迁就可一蹴而就，而是需要一个过程的。因此，转型后的俄罗斯这一市场化过程将长期处于计划与市场的混合状态，不过是不同时期计划与市场各自程度不同。因此，这与即使是处于发展中状态的市场经济国家也是有差异的。俄罗斯不仅要建立完善包括正式的与非正式的市场经济制度，同时，还要消除计划经济遗留下来的诸多不良影响。在非正式制度中，俄罗斯缺少竞争、自由、民众的市场文化与精神，长达70年的计划经济意识形态钳制了人们的思想。

（一）转型时期的俄罗斯科技体制也陷入了非效率制度均衡

俄罗斯科技体制自俄罗斯转型之日起就深受其影响，而俄罗斯科技创新如同整个经济一样，陷入了一个非效率制度均衡状态而不能自拔。这使其拥有的丰富的科技资源不能实现其效用的最大化。

首先，就制度需求而言，支持"休克疗法"的苏联政治经济特权阶层、新兴企业家阶级以及拥护走资本主义道路的知识分子出于对西方资本主义的市场经济的迷恋而选择了激进转型之路，这是公共选择的结果。这一选择结果在科技体制方面的表现就是将科技推向市场，希望通过市场的自由化竞争来实现活跃的科技创新，带来更多的收益，这就是形成该制度需求方面的原因。然而，这种制度需求构成了制度变革的动机，但是未必构成推进改革的有效动力。

其次，就制度供给而言，科技体制的制度需求构成了制度变迁的必要条件，但并非制度变迁的充分条件。在科技体制的制度变迁中，制度供给与制度需求是同等重要的。美国经济学家诺思指出，改进技术的持续努力只有通过建立一个能持续激励人们创新的产权制度以提高私人收益才会出现。① 俄罗斯经济转型的驱动机制属于供给主导型的强制性制度变迁。这种制度变迁是在一定的宪法秩序与伦理道德规范下，权力中心提供新制度安排的需求与能力构成决定制度变迁的主导因素，而这种需求与能力又决定了社会各利益集团的力量对比或权力结构。对于俄罗斯而言，经济转型指导思想的确立是激进"民主派"借助政府名义，经济模式是该派完全简单照搬西方的市场经济，"休克疗法"方案的制订也不是由实践经验而来，而是由政府雇用部分经济学家"研究"而来的，经济转型的具体措施完全是政府行为。但俄联邦政府并非是经济转型的独立决策者，而是一直受利益集团的操纵。这些利益集团初期是苏共内部的特权阶层，后来是新的利益集团。科技领域的转型同样体现了这些利益集团的愿望，侧重于对资源产品的开发生产也是由几大金融工业集团操纵。正是这些特殊的利益集团既竭力攫取制度带来的利益，又不断地扩充势力，以更强的力量来影响俄联邦政府决策。正是这种力量对经济主体产生的财富分配效应在次序上由于财富增长效应导致了制度结构偏离了社会利益目标而被锁定在非效率制度均衡状态。

最后，就制度存在的外部环境而言，俄罗斯能最终选择激进式经济转型，同欧美主要国家及其掌控的世界银行（WB）、国际货币基金组织（IMF）等国际组织的态度有很大的关系。对于苏联的经济形势逐步恶化，这些外部势力许诺对其经济改革提供各种援助，包括直接给予硬通货和商品、债务的重新安排或豁免、低成本信贷等，巨额的外援对俄罗斯极具诱惑力。但其同时要求俄罗斯迅速取消公有制、价格制度、社会福利等，迅速实现自由化、私有化。面对西方的巨额援助，在经济改革方向之争中，俄罗斯最终选择了激进式转型，并未在某种程度上保留社会主义。

这种来自制度需求、制度供给和制度外部环境的三种力量将俄罗

---

① ［美］道格拉斯·C. 诺思：《经济史中的结构与变迁》，陈郁等译，上海三联书店1994年版，第186页。

斯经济转型引入非效率制度均衡。因此，俄罗斯科技创新在此过程中也难以避免地陷入非效率制度均衡状态，并且由于利益集团的不断阻挠而被固化。这也是俄罗斯长期无法实现活跃科技创新的根本原因。

（二）转型政策冲击

经济转型政策制约了科技创新。俄罗斯的科技创新与"休克疗法"的政策导向密切相关。俄罗斯在实行激进式转型进程中曾采取了极其严厉的紧缩经济政策，以实现财政稳定化并缩减赤字。按照该项政策的要求，俄罗斯大幅度削减财政支出，尤其是减少企业信贷。这使企业不仅无法扩大再生产，甚至失去了正常生产运作所需资金，增加了最终产品的成本。结果使俄罗斯很多企业的生存出现问题，更谈不上生产竞争力强的产品。

另外，俄罗斯几乎每年都颁布很多的政策制度，朝令夕改，并未形成健全完善的法律法规来支持经济社会的发展。这让很多企业无所适从，难以预期，尤其是一些财政拨款，尽管形成规章法令，然而却更多地停留在文件上无法执行。实际财政拨款，既无计划性，又无规律性，使很多企业的生产无法正常进行。

极端的自由化政策使国外产品无限制地进入俄罗斯国内市场，这种不平衡的竞争极大地摧毁了俄罗斯企业的科技创新，不仅使企业生产无法顺利转型，而且还扼杀了企业。

盲目的私有化政策在很大程度上阻碍了企业已有生产技术的整合，导致了重要技术链的断裂，削弱了俄罗斯企业创新的潜能。在私有化过程中，不少投资者购买国有企业的大部分股份，使企业丧失了研发新技术新产品的主动性和可能性。

（三）市场机制的不完善

市场机制的不完善，制约了活跃科技创新的出现。一般而言，完善的市场体系是实现活跃科技创新、促进经济增长的基本条件之一。完善的市场能为市场经济主体迅速准确地传递价格信号，以价格调节市场供求，保证包括科技资源在内的生产要素自由流动，最终实现资源的优化配置。

"休克疗法"让俄罗斯迅速走向自由市场经济，旧的计划经济体制被打破，但并没有给俄罗斯造就一个竞争性的市场经济，而是出现了寡头垄断、经济动荡等现象。俄罗斯新的市场经济体制相关的若干制度和法规并没完全建成，如有关经济责任机制和保护机制（如破产制度）等尚未建立，规范的劳动力市场和资本市场也迟迟未建成，只是通过改革，建立了市场经济的一些基本要素。因此，俄罗斯既未形成市场立法的完整体系，也未形成规范的市场"游戏规则"。在这种状态体系下，要素市场、商品市场、资本市场之间的关联度较低。从发展创新经济的角度来看，俄罗斯金融体系仍十分不发达，资本化率不高，无力向企业和居民提供必需的服务。[①] 市场信息难以及时准确地反馈到企业，企业也难以据此进行科技创新活动，生产适应市场需求的产品，进而促进经济增长。

造成这种状态的根源在于俄罗斯市场经济正式制度移植与本国非正式制度不相容。由于计划经济体制的长期运行，新生的市场经济缺乏所必需的社会基础。虽然这种激进式的经济转型可以在短期内迅速建立起正式的市场经济制度的框架，但是却难以在短期内培育起竞争、自由、民主精神的非正式市场经济制度，进而实现正式制度与非正式制度的有机结合以对科技创新进行有效激励。俄罗斯缺少企业家和适合市场要求的企业员工素质。毕竟对市场需求的预测与准确把握，需要企业家的敏锐洞察力和科学决策以及创新精神，但如果缺乏一流的企业家队伍，则难以实现企业与经济的发展。最终俄罗斯的激进式转型导致了严重的政治经济危机，研发投入急剧下降，科研人才大量流失，科技创新遭受极大冲击。同时，俄罗斯也缺乏新生的市场经济所必需的社会基础以及相关的思想观念。以2006年10月调查的俄罗斯民众对外资的态度为例，结果显示了不同程度的抵制，而政府部门专家认为，应允许外资进入的比重远超过普通民众，这也说明甚至包括企业家在内的民众未必能完全接受政府完善市场制度的政策安排。

---

① 2009年梅德韦杰夫国情咨文。

第七章 俄罗斯科技创新效应深层次原因与创新型国家建设前景

(四) 市场有效需求不足

科技创新的实现极大地依赖于市场有效需求的支持。然而，低迷的市场需求也限制着工业企业与科研院所合作的兴趣，从而使企业无法成为研发技术创新主体。

首先，俄罗斯居民消费不足。1992—2017 年，俄罗斯人均居民最终消费支出增长率为 3.7%；尤其是人均消费支出低，按照 2010 年不变价美元，2017 年为 5875 美元（美国 2016 年为 36373 美元），并且收入分配也不公平，2015 年，俄罗斯的基尼（GINI）系数[①]为 0.377，如表 7-1 所示。由于俄罗斯居民收入水平不高及其对未来的谨慎性预期，人均居民最终消费支出占人均 GDP 比重较低，2017 年为 51.4%（美国 2016 年该比重为 70%）[②]，消费层次升级趋向不显著，恩格尔系数较高，因此，没有形成卓有成效的市场科技创新需求引导。

表 7-1 俄罗斯相关经济指标（1992—2017）

年份	基尼系数	人均居民最终消费支出（2010年不变价美元）	人均居民最终消费支出（年增长率）（%）	财政收入占GDP比重（%）	财政支出占GDP比重（%）	人均GDP（2010年不变价美元）	人均GDP增长（年增长率）（%）
1992	—	2339	-3.0	—	—	7717	-14.6
1993	0.484	2370	1.3	—	—	7056	-8.6
1994	—	2402	1.3	20.9	27.0	6177	-12.5
1995	—	2334	-2.8	21.3	11.6	5919	-4.2
1996	0.461	2226	-4.6	—	—	5715	-3.5
1997	0.384	2338	5.0	—	—	5804	1.6
1998	0.381	2264	-3.1	19.1	25.0	5506	-5.1
1999	0.374	2206	-2.6	20.8	20.3	5876	6.7

[①] 基尼系数用于衡量一个经济体中在个人或家庭中的收入分配（在某些情况下是消费支出）偏离完全平均分配的程度。基尼系数为 0 表示完全平均，100% 则表示完全不平均。

[②] 根据世界银行网站相关数据测算。

续表

年份	基尼系数	人均居民最终消费支出（2010年不变价美元）	人均居民最终消费支出（年增长率）（%）	财政收入占GDP比重（%）	财政支出占GDP比重（%）	人均GDP（2010年不变价美元）	人均GDP增长（年增长率）（%）
2000	0.371	2374	7.6	24.6	21.2	6491	10.5
2001	0.369	2606	9.8	27.1	22.8	6851	5.5
2002	0.373	2836	8.8	31.8	22.6	7209	5.2
2003	0.400	3064	8.0	27.6	23.0	7770	7.8
2004	0.403	3448	12.5	26.9	21.6	8361	7.6
2005	0.413	3867	12.2	30.3	19.9	8928	6.8
2006	0.410	4347	12.4	28.7	19.5	9687	8.5
2007	0.423	4975	14.4	30.6	23.0	10532	8.7
2008	0.416	5498	10.5	33.7	21.5	11090	5.3
2009	0.398	5215	-5.2	25.5	32.1	10220	-7.8
2010	0.395	5496	5.4	26.1	27.4	10675	4.5
2011	0.397	5855	6.5	29.1	23.3	11230	5.2
2012	0.407	6306	7.7	27.2	24.2	11621	3.5
2013	0.409	6620	5.0	26.5	24.6	11804	1.6
2014	0.399	6629	0.1	27.1	26.4	11681	-1.0
2015	0.377	5971	-9.9	24.4	30.5	11326	-3.0
2016	—	5692	-4.7	24.2	30.8	11280	-0.4
2017	—	5875	3.2	—	—	11441	1.4

资料来源：http://data.worldbank.org/indicator。

其次，俄罗斯政府消费不足。俄罗斯政府财政收入占GDP比重总体呈下降趋势，由2008年的33.7%降至2017年的24.2%，如表7-1所示。俄罗斯政府财政收入锐减形成了庞大的公共债务总额，进而削弱了俄罗斯政府在社会财富分配中的宏观调控地位。近年来，俄罗斯政府财政支出占GDP比重持续下降，由2009年的32.1%降至2014年的26.4%，2015—2016年才有所回升。

最后，俄罗斯的经济发展水平影响着对科技创新的需求与支持。

根据国际经验，大多数国家的研发投入占 GDP 比重达到 1% 时，其按购买力平价法计算的人均 GDP 为 8000 美元左右。① 转型后的俄罗斯在 1997 年研发投入占 GDP 比重首次超过 1% 达到 1.04% 时，即使按照 2010 年不变价格，1997 年俄罗斯人均 GDP 为 5804 美元，如表 7 - 1 所示。2017 年，俄罗斯人均 GDP 也不过为 11441 美元，而美国 2017 年人均 GDP 已为 53128 美元②，经济水平低下对科技创新的需求与支持都将非常不利。

（五）转型进程中科技创新的"政府失灵"

在转型的制度变迁过程中，由于多重约束的存在，市场机制将面临种种失灵和缺陷。政府不但要为市场提供必要的规则和制度框架，维护市场的竞争性和规则性，提高效率、增进平等和促进宏观经济的增长与稳定，同时还要充分发挥宏观调控的积极作用，以政府这只"看得见的手"来调节市场这"只看不见的手"。尤其是对俄罗斯这样一个转型国家而言，国家的宏观调控作用需要加强而不是削弱，政府既要提供必要的制度保证，还要对经济和市场运作实行适度干预，为科技创新的实现提供有效的激励条件和运行环境。然而，俄罗斯政府尽管采取了各种政策措施，但政府并没有充分发挥积极作用，有时是完全放手不管，有时却又是管理不当。事实上，俄罗斯政府并没有为企业的技术创新提供完全有利的法制经济环境、有效的制度安排以及实质性的财政援助。

在转型初期，作为"休克疗法"的一部分，俄罗斯将科技领域几乎完全推向市场，俄罗斯政府在经济科技领域放弃了国家的宏观调控，实行经济"自由放任"。但是，由于俄罗斯市场机制的形成完善需要时间，不可能一蹴而就，因此造成了经济科技领域的管理真空。在国家有效宏观调控和真正市场环境缺失的情况下，必然造成俄罗斯科技经济的严重萎缩。

---

① UNDP (United Nations Development Program), *Human Development Report*, New York: Oxford University Press, 2001, pp. 52 - 54.

② 世界银行网站。

由于计划经济体制长期存在，官僚作风盛行，尤其是部分官僚和企业家在俄罗斯市场化转型过程中利用法律监管的真空贪污受贿，造成权钱交易等社会腐败现象泛滥，梅德韦杰夫对缺乏竞争而导致的政治腐败进行了严厉谴责，然而，这种现象在科技领域同样不可避免。官僚作风、腐败行为不仅增加了交易成本，也增加了科研以及生产经营的时间成本，成为科技创新与经济增长的主要制约因素。2002年，俄罗斯国内一家民意测验机构对来自美国、欧亚的40家外资企业进行的调查表明，目前，妨碍外资进入的最大问题仍是俄罗斯普遍存在的贪污腐败、官僚主义，缺乏相应的法律法规以及有效的执行力。根据"透明国际"组织的调查，2017年，俄罗斯政府的清廉程度排名为135，腐败程度很高。

综观俄罗斯经济自由化和市场开放进程，由于迷信市场万能，忽视并极大地削弱了政府宏观调控，结果不但造成了社会经济科技的危机与混乱，而且也使经济自由化进程和市场开放举步维艰。这使俄罗斯政府认识到，要想摆脱当前的危机，就要恢复国家对经济的管理，因此，政府又开始对科技以及经济领域继续发挥调控作用。

尽管原料型产品的大量出口使俄罗斯经济收入激增，但是，用于科技研发投入的比重却不高。而研发投入在某种程度上代表了一国潜在的未来竞争力。经济合作与发展组织主要创新型国家相比，俄罗斯无论是研发强度还是人均研发经费都远远落后于其他国家，如图7-1所示。这对俄罗斯科技创新发展无疑是极其不利的。

总之，俄罗斯政府先是经历了高度集权和无所不包无所不能的全能型政府模式，而后又经历了"休克疗法"的政府迅速退出原来发挥作用的科技经济领域。这致使政府在经济转型过程中职能作用受到极大的削弱，造成科技创新推动经济增长的进程中宏观调控能力明显下降。同时，市场制度的不完善使俄罗斯技术创新的有效激励不足。

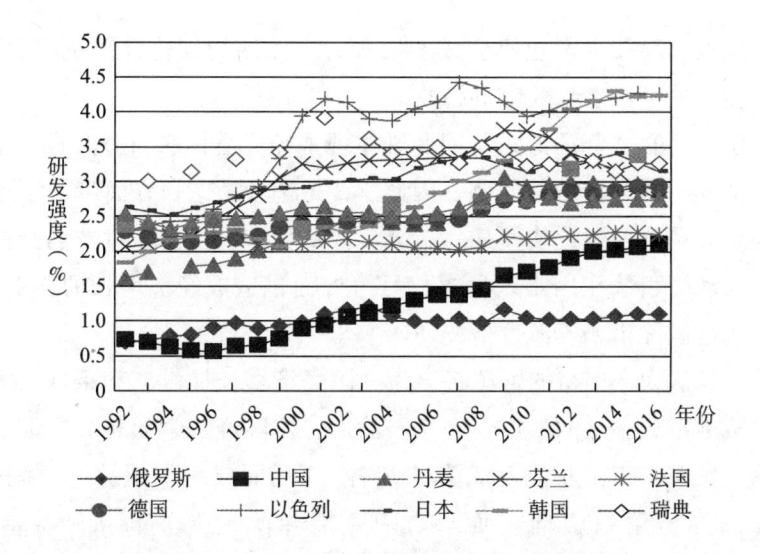

第七章 俄罗斯科技创新效应深层次原因与创新型国家建设前景 | 177

图 7-1 中国和俄罗斯与典型创新型国家研发
强度变化曲线对比（1992—2016 年）

资料来源：http://stats.oecd.org/Index.aspx。

三 俄罗斯科技创新的"资源诅咒"

（一）"资源诅咒"对科技创新的影响

"资源诅咒"这一概念是由奥蒂（Auty，1993）在其《丰富的资源与经济增长》一文中最先提出来的，其中的资源为自然资源，指的是拥有丰裕自然资源的国家非但经济增长不快，反而比自然资源相对贫瘠的国家经济增长更为缓慢。有的学者也称其为"荷兰病"。[①] "资源诅咒"的主要特征与过程表现在：国内外市场对某自然资源需求增加致使其价格大幅上升；由于本国该资源丰裕，为追求短期利益，生产要素迅速向该资源集中，促进其开发与生产；忽视与其他产业协调发展，导致其他产业因创新动力严重不足，进而市场竞争力逐渐消

---

① 在 20 世纪 50 年代末到 70 年代初，荷兰发现，本国蕴藏着丰富的油气资源，也为缓解石油危机造成的影响，政府开始大力发展油气产业，很快扩大了就业，促进了经济的"繁荣"。但是，由于经济过分依赖油气产业，造成短期内大量的生产要素被吸引到资源产业，这样，新兴产业则丧失发展机会，其他产业也逐步萎缩，企业创新动力逐渐消失，经济很快进入衰退。人们将其称为"荷兰病"。

失；发展高新技术产业机会成本增加，产业结构优化升级机遇丧失；科技创新的经济增长效应日趋萎缩。

俄罗斯的"资源诅咒"问题既体现了经济增长的动力方式，也体现了俄罗斯的产业结构问题。因此，"资源诅咒"一方面带来了产业结构难以调整，过分依赖某一初级资源的生产与出口，科技创新的经济增长动力引擎作用难以发挥；另一方面也造成经济增长的脆弱性，难以抗击国际市场资源价格波动。

一般认为，丰裕的资源将会为一国经济增长提供有利条件，尤其是对资本形成不足的发展中国家。然而，国际经济学的相关实证研究表明，资源的丰裕非但没成为"福音"，反而成为"诅咒"，将一些国家的经济增长引向反面。如萨克斯和沃纳（Sachs and Warner, 1995）对71个国家1970—1989年自然资源状态与经济增长之间的关系进行实证检验，发现两者之间存在负相关关系。事实上，资源丰裕极容易使一国对资源产生依赖而形成"资源诅咒"。"资源诅咒"极大地破坏了科技创新实现的条件，使科技创新受到极大的影响。

首先，资源丰裕客观上造成对科技创新活动有效激励不足，由于资源丰裕，所以，从事资源开发生产的成本相对较低，且收益可能要远超过科技创新，这将挤出创新行为，进而影响劳动生产率的提高与经济增长，创新活动长期不足将影响产业结构的优化升级，使产业水平停留在生产链的低端，出口竞争能力下降。另外，资源依赖导致制造业萎靡，而制造业是技术创新的平台，其有效需求是科技创新的重要推动力，制造业一旦衰落，该国科技创新能力必将萎缩。

其次，资源丰裕影响科技创新中资本的有效积累。一方面，资源丰裕会令人们对生产要素中人力资本贡献低估，政府也会忽视教育投入分配而影响教育水平，致使人力资本缺乏，这样，有限的国家资本和人力资本被重新分配而高度集中于资源初级产业；另一方面，制造业具有"干中学"的特性，外部效应很强，制造业的萎靡也将影响到人力资本积累，进而制约经济增长。另外，资源丰裕恶化科技创新环境。资源依赖必然容易滋生"寻租"行为，造成制度弱化。自然资源的高额回报必然会带来高额的经济"寻租"，引起不同利益集团的各种合法与非法博弈，甚至引发内乱战争。这将弱化一国制度质量，进而对科技创新以及经济增长产生负的非线性影响。同时，资源依赖也会引起一国贸易条件的恶化，本国经济更易受国际能源价格的冲击。

最后，资源丰裕影响科技创新的扩散。初级产品行业由于投入简单，成品加工程度较低，因此导致产业关联度较低。由于资源依赖导致产业关联效应相对较差，一方面是由于经济发展过分依赖自然资源出口，因而导致其前向产业和后向产业发展受阻，另一方面将会影响到科技创新的扩散。

（二）"资源诅咒"制约俄罗斯科技创新

首先，俄罗斯拥有世界最丰裕的自然资源。"俄罗斯国土面积1707.54万平方千米，居世界第一位。俄罗斯自然资源储量大，自给程度高，其资源储量占世界总储量的21%。其中，石油储量占40%，天然气占45%，铁矿石占44%，煤炭占30%。"[①] 从表7-2可知，与其他国家相比，俄罗斯自然资源无论是从总量看还是从人均看居世界第一位。

表7-2　俄罗斯、美国、日本和中国四国人均自然资源拥有量

国家	美元（千美元）	相对于俄罗斯的比重（%）
俄罗斯	160.0	100.0
美国	18.7	11.7
日本	4.2	2.63
中国	2.0	1.25

资料来源：А. В. Дерягин. Наука и инновационная экономика в России [EB/OL]. http://adlntyumen.ru/economics/innovation/Publications/science_and_economy_in_Russia, 2007-01-04.

其次，俄罗斯"资源诅咒"制约科技创新。一方面，资源丰裕使俄罗斯专注于资源开发，影响对科技创新的资本投入，造成产业结构不合理。俄罗斯这种丰裕的自然资源，使从事资源开发可以以很小的

---

① 冯玉军：《俄罗斯的综合国力》，《国际资料信息》2002年第2期。

成本，获得很大的收益；相反，企业进行科技创新却要面临着很大的风险和不确定性，这使俄罗斯的科技创新缺少了足够有效的激励。相反，俄罗斯却对资源的开发与生产表现出浓厚的兴趣。这种状况自苏联时期就开始形成，国家关注的重点是开采自然资源，这样，国家的财力、人力资本聚集到该行业，科技研发的重点是资源的开发生产，然而，对如何利用丰富的自然资源研发生产富含高新技术具有强竞争力的产品却鲜有关注，到计划经济体制优势丧失殆尽，苏联解体；再到俄罗斯市场化经济转型，经济严重衰退，同时出现各方面危机。

为了迅速恢复经济，缓解社会矛盾，转型后的俄罗斯再次启用丰裕的自然资源这一后盾，国家财力、人力资本再次聚集到该领域。能源出口尤其是石油出口使俄罗斯受益极大，自1999年以来，经济连年快速增长，直至2008年国际金融危机的爆发，在2000年经济增长甚至达到10.05%，但是，增长很大程度上是依靠能源和原材料工业实现的。凭借着能源出口，俄罗斯联邦政府不但补发拖欠工资，偿还外债，积累大量外汇储备①，而且还积极实施系列社会改革，一定程度上缓解了社会矛盾。连年的经济增长也让普京始终获得很高的社会支持。因此，短期自然资源利益的驱使又令俄罗斯觊觎北极的石油资源。这种资源经济模式成为推动俄罗斯经济增长的重要引擎，由此形成了经济结构原料化特征，对外依赖日趋严重。俄罗斯经济也被冠以"能源经济""油管子经济""石油经济"等类似特征的名字。尤其是2000年以来，原材料部门在其工业中的比重超过了75%。根据2005年相关数据，仅石油出口一项就占其出口总值的1/3，而且增长速度远远超过其当年GDP增速。也正因如此，甚至有学者认为，俄罗斯也只有资源枯竭之时，才能真正走上创新之路。

俄罗斯面对着丰裕的资源，同样低估教育和人力资本投资的长期价值，对人力资本投资相对也少得多。有限的财力、人力资本涌向能源部门，造成了急需高科技含量的制造业等行业科技创新资本的严重

---

① 截至2007年3月2日，俄罗斯黄金外汇储备已经达到3153亿美元。俄罗斯的这一指标在发达国家中已经接近日本，居第2位。

第七章　俄罗斯科技创新效应深层次原因与创新型国家建设前景 ▎ 181

不足，这进一步制约着该行业部门的健康发展。制造业是科技创新的平台，一旦制造业衰落，将进一步导致该行业科技创新资本的流失。"国际复兴开发银行（IBRD）数据显示，1995—2000 年，发达国家自然资本占国民财富的比重平均不超过 10%，所生产资本的比重约相当于 20%，人力资本占 70% 以上。在俄罗斯的国民财富中，自然资本占 83%—88%，所生产资本占 7%—10%，而人力资本仅为 5%—7%。"①

俄罗斯对资源的依赖造成了产业结构不合理。油气是俄罗斯经济的主导行业，其 GDP 的 23%（其中，石油占 16%，天然气占 7%）源于油气贡献。"20 世纪 80 年代，苏联燃料动力资源占出口总额的比重在 40%—52% 之间波动（1984 年高达 55%）。俄罗斯独立后，情况也大致如此。矿产资源占出口总额的比重也稳定在 42%—48% 之间，2000 年这一比重更是高达 53.8%，其中，燃料动力资源占了近 52%。"② 由此可见，俄罗斯明显表现出资源型经济的特征，能源和原材料占有很大比重，而制成品出口比重小，造成了产业结构、出口贸易结构的极不合理。过去几年，俄罗斯并未采取足够的措施来解决历史遗留的问题，未能摆脱粗放的经济结构和原材料依赖，生产不能满足人们的实际需求，对出口的依赖阻碍了创新经济的发展，企业至今偏爱进口产品，而本国产品的竞争力又低得可怜。③

俄罗斯的经济增长不可能永远依赖资源。毕竟石油、天然气等资源多属于不可再生资源，是有限的，不可能被无休止地开采。据有关机构统计，以目前的开采规模和速度，俄罗斯的现有石油储量仅够开采 18 年。另外，国际能源价格也不可能总在高位运行。国际能源价格变化直接影响着俄罗斯的经济增长速度。政府预算甚至也以对油气价格的预测为基础。"俄罗斯财政部长库德林指出，目前俄罗斯 35% 的联邦预算收入来自石油、石油产品和天然气出口，其中，石油出口

---

①　郭连成：《俄罗斯经济转型与转型时期经济论》，商务印书馆 2005 年版，第 546 页。
②　郭连成：《资源依赖型经济与俄罗斯经济的增长和发展》，《国外社会科学》2005 年第 6 期。
③　2009 年梅德韦杰夫国情咨文。

收入超过 18%。据他估算，如果石油价格每上涨或下跌一美元，俄罗斯预算收入就会增加或减少 590 亿美元。世界银行专家也指出，俄罗斯 GDP 的增长取决于石油价格的上涨，他们估算，石油价格每提高 1%，俄罗斯 GDP 可增长 0.07%。"①

另外，对资源依赖形成的畸形的产业结构进一步钳制了俄罗斯科技创新的实现。"在俄罗斯现有的 50 个最大企业中，其中，有 16 家（占 32%）经营石油天然气，17 家（占 34%）从事金属行业，5 家（占 10%）从事化学与石油化工行业，3 家从事电能行业，1 家从事纸浆行业。经济侧重于原料生产的特点依然存在。预算收入在很大程度取决于国家能源价格的变化。我们将在越来越面向新技术、新经济及知识和技术经济的国际市场的竞争中败下阵来。总体而言，84% 从事原料加工和矿物开采，仅有 16% 从事还有一定科技含量的其他行业领域。"② 普京 2103 年也再次明确指出："经济侧重于原料生产的特点依然存在。预算收入在很大程度取决于国家能源价格的变化。我们将在越来越面向新技术、新经济及知识和技术经济的国际市场的竞争中败下阵来。"③

俄罗斯的产业结构调整极其困难，不但触及国内的利益集团，而且还会触动国外投资资本的利益。"能源价格上涨诱使投资结构中采掘工业的投资占国内工业投资总额的比重上升，2002 年，这一比重为 60%，外资投资的 70% 也集中在该行业，非常不利于产业结构的优化调整。"④ 尤其是在国际能源市场价格总体上涨的情况下，这种调整更加困难。

更为重要的是，俄罗斯面对着科技创新经费投入不足。在获得大量的能源出口收入之后，这些收入并没有成为发展科技事业和进行科

---

① 郭连成：《资源依赖型经济与俄罗斯经济的增长和发展》，《国外社会科学》2005 年第 6 期。
② 胡小平：《俄罗斯难以走上创新型发展道路》，《科研管理研究》2010 年第 11 期。
③ 2013 年普京国情咨文。
④ 关雪凌、程大发：《全球产业结构调整背景下俄罗斯经济定位的困境》，《国际观察》2005 年第 8 期。

技创新资源的来源。出口部门尤其是燃料部门吸纳的投资占俄罗斯全部投资中的绝对部分，而对实现经济现代化、促进产业结构升级的科技创新产业部门却遭受着"投资饥渴症"。2000年和2001年，在工业投资中，石油开采部门就占33%，冶金、天然气和电力部门分别占13%、11%和10%，机器制造业和轻工业只占7%和0.5%。[①] 但自2004年起，俄罗斯资源行业的生产增长已在减速，自然开采业在2005年附加值仅增长了1.8%，仅有2003年的10%。

市场化经济转型使俄罗斯出现了严重的经济危机，但是，通过以石油为主的自然资源的大量出口使其渡过了这段危机，并且带动了经济的增长。但俄罗斯经济增长更多地依赖于其丰富的自然资源基础，经济对科技成果需求程度低，缺少对活跃科技创新实现的有效激励及其诸多有利条件，这导致了科技创新与科技进步的贡献率较低，产业结构升级困难，产业结构的畸形反过来又制约着科技创新，形成了科技创新不足与畸形产业结构恶性循环。这种资源型经济终将导致市场对科技创新的有效激励不足，经济结构的垄断性造成了技术创新优势无法充分发挥。这种经济模式将不可能成为俄罗斯经济持续增长的永恒动力，也不可能使科技创新成为俄罗斯经济增长的核心源泉，进而使其成为经济科技方面的强国。

四 俄罗斯科技创新的经济全球化

经济全球化是一把"双刃剑"。一方面可能会促进一国科技创新的发展，另一方面也可能会抑制一国科技创新的发展。经济全球化对不同类型国家的科技创新影响也是不同的。

（一）俄罗斯在国际分工格局中的困境制约其科技创新发展

建立在资源禀赋差异、劳动成本优势、产品研发创新等基础上的国际分工和自由贸易成为世界经济发展的主流趋势。由此形成了美国—日欧—发展中国家的垂直型国际分工格局。这对于美国、日本、欧盟国家而言，凭借科技发展优势，更加有利于科技创新的发展。相

[①] 王郦久：《普京经济思想与俄罗斯经济发展前景》，《现代国际关系》2002年第10期。

反，发展中国家只能发挥自身自然资源、劳动等要素禀赋等比较优势参与国际分工。

当然，这并不意味着一国因自身资源丰富就必然走资源型经济道路。对于俄罗斯而言，由于苏联时期就形成了产业结构的畸形发展，长期僵化，缺乏调整活力；形成重工业以及国防军工方面的产业与技术优势并不能完全适应国际竞争。事实上，俄罗斯在技术创新产业、精密制造业和普通制造业上依次落后美国、欧盟、日本甚至部分发展中国家。另外，由于市场化经济转型，造成了苏联时期积累的丰富的人力资源和社会资源大量流失，导致了其在国际分工格局中地位选择与定位的困境。同时，俄罗斯拥有着丰裕的自然资源，这成为俄罗斯所拥有的比较优势。俄罗斯凭借着原材料产业的发展及其出口参与并深入国际分工的底层，造成了技术创新积累能力的弱化。因此，俄罗斯的经济发展被锁定在自然资源出口的模式之下，几乎成为世界经济原料附属国，而这将影响着俄罗斯科技创新的实现。

首先，俄罗斯产业机构畸形难以在短期内得到大幅调整。原材料、能源等初级产业取决于自然资源的丰裕程度。自2000年以来，全球经济的不稳定加剧了世界能源尤其是石油市场的供求失衡，能源价格大幅上扬。2002年，俄罗斯凭借拥有的丰裕自然资源出口，形成了国家外汇和政府财政收入的主要来源，其中能源和矿产出口就占总出口额的63.2%。但由于国内石油寡头垄断了能源收入分配，并没有足够的动力用于科技投资，这极其不利于俄罗斯提升产业创新能力，结果最终形成了难以调整的畸形的产业结构。俄罗斯国际贸易中的能源产业优势反而抑制了其产业创新的实现。

其次，俄罗斯技术创新竞争优势不足。俄罗斯由于受到国外知识产权保护、国内市场需求缺乏、技术基础被削弱等多重因素制约，其技术创新动力不足而发展潜力有限，导致技术创新竞争优势不足。"俄罗斯继承的苏联工业资本大多陈旧，设备老化现象异常严重，仅2003—2004年就有60%—80%的生产设备因老化而需更新。并且苏联遗留下来的高新技术缺乏产业化、商业化转换，技术优势并未形成创新优势和产业化效益的自我循环机制，存量技术优势偏重于重工业、军工国防等领域,且该领域的增量投入有限,制约了进一步的技术研发与创新。"① 俄罗斯仅占世界民用高科技产品市场份额的 0.3%。以 2002 年为例,俄罗斯第三产业内部结构与其他国家差距明显,服务贸易出口额仅为 130 亿美元,且集中在交通运输和旅游项目;美国服务贸易出口额高达 2887 亿美元,以教育卫生、金融商务服务为主。2002 年,日本、美国和俄罗斯三国全员劳动生产率分别为 58716 美元/人、15073 美元/人和 4467 美元/人。俄罗斯的技术创新在国际市场上缺乏竞争优势,竞争优势的缺乏进一步降低了俄罗斯科技创新的能力和动力。

(二) 贸易条件的恶化制约俄罗斯科技创新

萨克斯和沃纳(1995,1997,1999)提出,"荷兰病内生经济增长模型"将一国划分为①可贸易自然资源类出口、②可贸易制造业和③非贸易产品三个部门。①部门的繁荣将使其收入上升,从而增加对②部门、③部门产品的市场需求,进而引起③部门产品价格上升,导致实际汇率上升,但②部门中新增需求将会被进口所填补,因此,价格不会发生变化。这样,②部门的实际价格不降反升,竞争力将受到打击。另外,①部门的繁荣将提高该部门资本和劳动力的边际产值,这将引发②部门的劳动和资本向①部门流动,从而使②部门在劳动力和资本投入方面成本上升。因此,最终导致该国制造业萎缩,经济结构单一,缺乏科技创新竞争力,经济萎靡。

因此,由于俄罗斯资源丰裕,仅满足于初级原料初级产品就可以获得丰厚的收益。这样,就使俄罗斯非资源贸易出口部门贸易条件恶化,竞争力遭受打击,创新难以实现。另外,大量的资本和人才流向资源部门,同样不利于非自然资源类部门的产品创新的实现。

正如谢·格拉济耶夫所指出的那样:"专门出口自然资源会使一个国家陷入长期的落后状态,由于对外贸易条件不平等,该国的国民财富会遭洗劫。因为在这样的贸易条件下,俄罗斯的经济对世界市场

---

① 关雪凌、程大发:《全球产业结构调整背景下俄罗斯经济定位的困境》,《国际观察》2005 年第 8 期。

产生了极大的依赖性。俄罗斯经济已经失去了在当代实现经济增长所需要的内部源泉,即体现在其科学密集型产业中的科学和知识潜力。"①

(三) 国际金融危机影响俄罗斯科技创新发展

国际金融危机的出现降低了人们的消费能力,这将意味着人们对科技创新产品的需求同时下降。这样,企业很有可能缺乏足够的动力进行科技创新,而是以降价来占领市场份额,企业利润降低,进而削减研发投入。而企业研发的投入削减势必会影响科技创新的实现。当然,对于以技术创新作为主要竞争力且资金充裕的企业,为了保持自己的市场份额,在这种竞争更加激烈的危机状态下,将会加大新产品研发,这将有利于科技创新的实现。

对于一般企业,其研发投入将受到不同的影响。一种就是危机将迫使企业认识到自主研发的重要性,将会在研发上加大人力、财力、物力的投入力度,希望在市场恢复之后拥有更有利的竞争地位;另一种就是因市场需求下降导致销售额下降,资金投入出现问题,削减部分研发项目,进而影响到科技创新。而对于模仿性创新企业,由于市场需求下降,这将影响到科技创新成果的扩散。

对于俄罗斯而言,其科技创新实现存在同样的情况。以2008年国际金融危机为例,通过对俄罗斯600家主要集中在制造业的中大型企业的创新状况进行调查,只有30%的企业能够不依赖于所在行业甚至财务状况进行研发创新,而70%的企业都受到不同程度的负面影响。

总之,在经济全球化背景下,所造成的国际分工格局中的困境、贸易条件恶化、国际金融危机的出现等都影响着俄罗斯技术创新顺利的进行。

---

① [俄] 谢·格拉济耶夫:《俄罗斯改革的悲剧与出路:俄罗斯与新世界秩序》,佟宪国等译,经济管理出版社2003年版,第174页。

第二节 俄罗斯创新型国家建设前景

一 创新型国家内涵与特征

（一）创新型国家内涵

创新型国家这一概念是由美国波特等最早提出来的。波特等认为，创新型国家是相对于一个国家历史发展阶段而言的。为此，他将全球国家根据其所处发展阶段分为三类：①要素驱动国家，主要依靠拥有比较竞争优势的丰裕自然资源与大量廉价劳动力的投入实现经济增长，如中东产油国，特点是缺乏创新的能力，技术主要依赖引进，具有一定的模仿创新能力但缺乏原始创新能力。②投资驱动国家。随着国家收入增加，经济增长主要依赖于利用全球资源进行本土生产、外国直接投资（FDI）、合资以及业务外包等，同时本国技术得以改进，尽管技术主要依靠进口，但已具备一定的消化吸收再创新能力，如多数发展中国家。③创新驱动国家。这些国家在研发、生产、销售等环节的创新为终端产品带来了较高的附加值，形成日益强大的竞争优势，尽管还需引进改善外国技术，但本国发展所需技术主要靠自主创新，如美国、日本、韩国、芬兰等国家，当今世界发展也主要是由这些创新型国家主导的。2002年，波特等又将参评国家区分为核心创新国和非核心创新国。他们给出的创新国家的指标标准为每百万人口获得专利授权数是否超过15件，超过15件的属于创新型国家，低于15件的则为非创新型国家。后来，波特等又根据国家所处历史发展阶段将其区分为要素驱动型国家、效率驱动型国家和创新驱动型国家。根据2012年度的《全球竞争力报告》，目前世界上创新驱动型国家有35个。

由此可见，创新型国家必须具备科学技术、自主创新能力、绝对竞争优势等关键要素。因此可认为，所谓创新型国家，就是依靠科学技术形成自主创新能力并日益形成绝对竞争优势的国家。

（二）创新型国家特征

仅通过创新型国家的定义还难以把握其全面深刻内涵，因此，我们还有必要认识创新型国家的特征。对于创新型国家的特征，学者一般认为，包括四个方面：①研发投入一般占GDP的2%—3%；②科技进步贡献率一般达到70%以上；③自主创新能力强，对外技术依存度①一般不超过30%；④创新产出高，当前20多个主要发达国家所获三方专利②数量占世界专利总数的98%以上。然而，我们会发现，这些不过是衡量创新型国家的一般指标，属于显性特征，在一定程度上代表着一国的创新竞争优势。

但是，这些显性指标并不能显示创新型国家的全部本质特征。而创新型国家还具有主要包括创新制度、文化、观念、人才等一些隐性特征。这些隐性特征对创新型国家的形成会起到决定作用。创新制度是创新行为的动力和保障；创新文化形成创新的社会氛围；创新观念是推动和诱发创新的思想先导；创新人才是进行创新活动的个人主体。如果不能具备这些隐性特征则很难建成创新型国家。而恰恰正是这些隐性特征奠定了显性指标的基础，只有具备这些隐性特征，才可能出现显性指标的结果。因此，创新型国家是显性与隐性二重特征的有机统一。

二 俄罗斯创新型国家战略的提出

转型以来，俄罗斯的经济社会发展面临着来自国内外的多重约束，其创新战略的提出有着深刻的国际国内背景。无论是基于经济全球化背景下的国际分工格局的困境还是俄罗斯自身经济发展都迫切要求俄罗斯走经济创新的发展道路。

（一）改变不利的国际地位要求俄罗斯走创新之路

20世纪90年代以来，以知识和技术为核心的"新经济"迅速发展，对经济全球化以及各国经济的现代化进程产生了重大影响，同时

---

① 对外技术依存度 = 技术引进经费/（技术引进经费 + 研发经费 + 购买国内技术经费）。

② 三方专利是指美国、日本、欧盟授权的专利。

也影响着各国的国际分工。正如前文所述，这将俄罗斯经济发展置于不利地位，经济原料化和对外依赖严重，甚至成为"经济殖民地"。而美国、日本和欧盟国家正凭借着自身的技术创新优势占据了高新产业优势地位。因此，俄罗斯迫切需要改变在国际分工中的不利局面。同时，国际金融危机的冲击使俄罗斯深深体会到资源型经济的弊端，不可能仅仅依靠丰裕的自然资源维持经济长期稳定的增长，经济危机使俄罗斯2009年GDP下降了7.8%，而同期世界范围的GDP只下降了0.6%，新兴市场国家与发展中国家仍取得了2.6%的增长率。另外，日趋激烈的国际竞争正推动着世界经济转向创新增长，俄罗斯要想实现其赶超战略并成为世界经济的"领头羊"，其唯一出路就在于以最快的速度推动经济进入创新轨道，通过科技创新，推动经济增长，最终实现赶超发展战略。

（二）俄罗斯自身经济的发展迫切需要俄罗斯走创新之路

转型之后，俄罗斯面临经济发展的关键问题，主要包括经济转型、产业结构、生产效率等。对这些问题的解决将依赖于创新发展。

首先，如何将经济转型进行到底。仍处在转型中的俄罗斯迫切需要完善市场经济体系。尽管俄罗斯自20世纪90年代初期开始的经济转型基本建立起市场经济的框架，但因市场体系的不完善等多重因素的制约，其经济持续稳定发展的动力仍显不足。科技创新有利于生产力的发展，这将有助于促进生产关系的调整，促进市场体系的完善。不彻底的市场化转型使俄罗斯寄希望于通过创新发展战略来完善市场经济体制。

其次，对产业结构进一步优化。近年来，俄罗斯的产业结构尽管有所优化，但是，畸形状况并未得到根本改善，自然资源的有限性也决定了资源型经济的不可持续性。2008年2月8日，普京离任前夕在莫斯科克里姆林宫举行的俄罗斯国务委员会扩大会议上作的《关于俄罗斯到2020年的发展战略》的报告，对俄罗斯的"发展版本"进行了前所未有的严厉批评。而俄罗斯的"发展版本"正是"尚未摆脱惯性地依赖于依靠能源原料的发展版本……沿着这个版本，我们就不可能在提高俄罗斯公民的生活质量方面取得应有的进步。更有甚者，我们势必不能保障国家的安全,也不能保障国家的正常发展,势必将使国家的存在本身受到威胁……为了避免事情沿着这个版本滑下去,唯一现实的选择就是国家的创新发展战略,这一战略就是发挥人的潜能,最有效地发挥人的知识和才能,不断改善技术和经济成果,以及整个社会的生活"。①

最后,俄罗斯生产效率极其低下。实现创新型发展,将使俄罗斯提高劳动生产率成为可能。俄罗斯主要经济部门应在未来12年内使劳动生产率至少提高4倍。

同时,尽管在转型初期俄罗斯呈现科技危机,但随着政府的努力正逐步恢复。总体上正如前文所言,俄罗斯科技基础雄厚,科技潜力巨大。尤其是强大的科学基础知识创新,这将为技术创新提供坚实的后盾和持续的源泉。而且俄罗斯尤其在能源、信息、宇航、核技术、医疗等领域方向有着很强的竞争优势,这将能为俄罗斯走创新之路并尽快走上科技创新之路提供,必要的科技支持。

为此,俄罗斯必须有效地利用国内外各种优势或资源推动经济步入创新发展轨道。经济和技术创新的重要源泉来自其自身内部,而俄罗斯拥有着世界一流的科研团队和雄厚的科技实力以及将创新发明转化为现实生产力的能力。发展创新经济,走创新之路将是俄罗斯实施赶超战略、提升国际竞争力的必经之路。

(三)俄罗斯创新战略的确立

俄罗斯曾先后制定了《1998—2000年俄联邦创新政策构想》《2002—2005年俄联邦创新政策基本构想》;2002年3月制定《俄联邦2010年前及未来科技发展纲要》指出,要依靠科技振兴,走创新型发展道路,构架国家创新体系,首次把发展国家科技列为国家优先发展方向。后来,俄罗斯又制定了《2030年前俄联邦创新发展战略》《2015年前俄联邦科学与创新发展战略》等国家创新战略。

在国际金融危机的倒逼之下,2008年11月17日,普京总统批准

---

① [俄]普京:《普京文集(2002—2008)》,张树华、李俊升、许华等译,中国社会科学出版社2008年版,第676—677页。

了《俄联邦2020年前社会经济长期发展构想》，再次强化了要建立创新型国家的目标，确定俄罗斯未来十余年将向"社会导向型创新经济发展模式过渡"，到2020年，知识经济将占GDP的20%，创新对GDP增长率贡献不低于3%，实现创新型国家这一社会经济长期发展构想。俄罗斯的创新战略目标大致分为两个阶段：第一阶段为2009—2012年的集中利用现有优势阶段；第二阶段为2013—2020年实现创新突破阶段。2011年，俄罗斯又颁布了《2020年前俄罗斯联邦创新发展战略》。

三 俄罗斯创新型国家建设的路径选择

（一）俄罗斯建设创新型国家的路径选择

通过对俄罗斯政府以往制定创新战略的总结，我们可以发现，经济转型中的俄罗斯采取了三大创新战略："①'接长'战略。旨在吸收国外经验的同时，充分利用自身的科技和工艺生产优势，在统一国家基础科学、应用科学和生产潜力的基础上，稳步增加新的有竞争力的产品。②'借用'战略。旨在利用国内创新潜力的同时，开发工业发达国家的科技产品，进而根据整个创新周期独立地完成吸收、消化和应用的过程。③'转移'战略。利用现有国外科技和生产工艺潜力，通过购买最新高新技术专利方式开发新一代产品，然后在国际市场销售。"[①]

在按照《关于俄罗斯到2020年的发展战略》的要求，俄罗斯强调的创新型发展道路，重点在于对资源型经济的发展模式进行质的改变。俄罗斯从创新工业的发展版本入手，致力于走出一条创新的国家发展道路。这条创新型国家发展道路主要在于通过结构重组、升级和现代化对工业结构的创新，并非是三次产业之间的结构优化，即"再工业化"的创新发展道路。"《关于俄罗斯到2020年的发展战略》的报告留给我们总的印象是，俄罗斯创新发展道路的重点领域是工业；核心是两条：一是发展高新技术产业，二是用高新技术装备和改造传

[①] 戚文海：《经济转型国家的国家创新体系评析——以俄罗斯为研究案例》，《俄罗斯中亚东欧研究》2005年第5期。

统工业；主要目标是提高劳动生产率，到 2020 年，要求主要经济部门的劳动生产率指标至少提高 3 倍。""报告显示，俄罗斯工业结构的创新演变将在五个方面作出努力：第一，发展航空航天、造船、信息、医疗等具有全球竞争力的高新技术领域，普京将其视为"知识经济的领航员"。第二，根本改变以往的"发展版本"，并不排斥能源动力的增长和原料开采的增加；相反，这是优先考虑的项目，但前提必须是运用高新技术使其得以实现。第三，要对所有经济领域的生产进行大规模的现代化改造，要更新企业使用的全部技术，包括所有型号的机器和设备。第四，着手过渡到地区政策的新阶段，在伏尔加河沿岸地区、乌拉尔地区、俄罗斯南部、西伯利亚和远东地区等建立起新的社会经济发展中心。第五，发展高性能新型武器生产，但其支出必须适应国家的能力，不得以牺牲社会发展的优先目标为代价。"①

《关于俄罗斯到 2020 年的发展战略》还指出了对于如何过渡到创新发展道路的准备条件。

首先，要大规模地对人力的资本进行投资。第一，发展国家教育体系。教育体系必须吸收最现代的知识和技术，必须向符合现代创新经济要求的新一代的教育标准过渡。第二，吸引对科技的投入。企业对研发的投入应该受到国家的鼓励并不断增长。而国家投放到科研的不断增长的资源应该得到最大限度的利用，应该集中用于基础性的有突破性的科研方向上，要用于决定国家的安全和人的健康的那些领域。积极运用税收机制刺激发展人的资源投资。

其次，为实施创新型发展，从根本上提高劳动生产率，应创造推动一系列领域的进步的激励机制和条件。第一，建立国家创新体系。该体系应该植根于支持创新的国家机构和私人机构的整个综合体中。巩固并拓展俄罗斯的天然优势。发展经济基础部门，包括自然资源的深加工，对俄罗斯的能源、交通和农业条件的有效利用。改变现在俄罗斯所使用的全部技术，最重要的方向是发展具有全球竞争力的新领

---

① 程伟、殷红：《俄罗斯产业结构演变研究》，《俄罗斯中亚东欧研究》2009 年第 1 期。

域。发展市场机制,培育具有竞争力的环境,让环境敦促企业降低消耗、更新产品,并灵活地追踪消费者的需求。第二,实现国家管理现代化。消除对经济过分的行政挤压。简化税收体系,引入税收激励机制,发展创新型经济;开展建立独立的、高效的司法权力;在世界市场不稳定的条件下,保障宏观经济的稳定;推行有效的地区政策,建立新的社会经济发展中心。

2008年11月,普京总理批准了《俄联邦2020年前社会经济长期发展构想》,再次强调了要建立创新型国家的目标,加强对教育、人力资本等创新基础领域的投资。梅德韦杰夫继任总统后,坚持普京的经济创新发展战略,特别强调发展创新经济的特殊重要性,在2009年的国情咨文中,提出"实现俄罗斯全面现代化"的宏伟目标,而实现该目标最紧急的任务就是发展创新型经济。"事实上,俄罗斯不能再在此问题上拖延,不应再单纯地提高'旧'经济的增长,而在技术创新领域只采取一些单独的、非系统性的措施。俄罗斯必须在所有的生产领域开始现代化和技术革新,这是关系到俄罗斯在当今世界实现复苏的问题。不仅要扩大资源开采,还要在传统和替代能源领域应用新的技术。"[1] "梅德韦杰夫把制度环境建设,包括民主化改革、法制建设和市场制度建设看作经济现代化的前提条件,把消除垄断、推动竞争、减少国家干预看作经济现代化的实现机制、重视竞争对技术创新的经济现代化的推动作用。至于是工业化还是后工业化经济现代化,梅德韦杰夫并没有特别强调,他把经济现代化着力点更多地放在创新经济部门,期望通过创新经济部门(主要是信息技术、生物技术、宇航、核能和新能源技术)的突破带动传统经济部门(主要是制造业部门)的现代化。"[2] 2009年5月,俄罗斯正式成立了现代化与技术发展委员会,总统挂帅,负责制定经济现代化和科技创新方面的国家政策。2011年10月25日,《2020年俄罗斯联邦创新发展战略》新版本出台(初版为2010年制定)。该战略对2020年俄罗斯经济发

---

[1] 2009年梅德韦杰夫国情咨文。
[2] 徐坡岭:《俄罗斯国家发展新战略》,《国际经济评论》2012年第3期。

展的目标、路径、方式等做了较为明确的规划，进一步提高国家创新行动的预期，实现全系统创新，到 2020 年，国内研发支出占 GDP 比重要达到 3%（2009 年为 1.25%）。在联邦预算立法层面，文件提出，将某些类别的创新合同与计划纳入常规预算。在反垄断方面，要进一步简化兼并与收购程序，改进税收条件和服务环境，以激活企业的创新。在税收优惠方面，将为中小型创新企业制定强制保险的附加优惠条件，为其利用资本收益扩大税收优惠，重点为企业工程技术业务和信息技术业务提供税收减免和强制保险补充优惠。该文件规定，对企业做出激励性税收优惠，一律在对企业效益的评估之后。

2012 年，普京再任俄罗斯总统，继续重视发展创新经济。普京认为："如果不能成为技术创新国家，那将不仅仅是处于被动地位，企业和居民所得到的全球红利将越来越低于处于领先地位的国家。生产高科技产品的国家与生产末端产品的国家收入差距比重为 15% 和 75%—80%。为了产业升级、发展科技，我们想方设法从国防采购和军事工业分离出无息资金。通过完成相关订单，俄罗斯几乎所有行业都有机会利用这些资金。我们必须在新水平、新技术的基础上巩固航天、核能的地位，振兴航空、船舶、仪器仪表等重点行业。我们已重建国家电子行业，私人资本积极参与其中。我认为，我们必须制定发展新兴产业的'路线图'，并按其改善投资氛围，其中包括复合材料和稀土金属、生物技术和基因工程技术、信息技术、新的城市规划、工程设计和工业设计。"[①] 俄罗斯创新经济的发展战略重点关注了创新活动主体的定位、基础研究和应用研究之间的关系、科研成果产业化的途径等问题。由于高新技术创新的风险性，私人资本一般不愿涉足，因此，由政府来扶植发展是必需的。俄罗斯并将继续推行其经济增长优先的经济发展战略，同时推动经济创新和结构调整的经济现代化战略。外生推动的现代化将是俄罗斯经济现代化的战略选择。在这里，政府将在现代化过程中发挥主导作用。俄罗斯经济在面对内生增长动力不足的情况下，既要保证经济增长，同时又要走创新之路。一

---

① 2012 年普京国情咨文。

旦从根本上调整经济发展方式，放弃资源型经济模式，俄罗斯将难以承受社会各利益集团的压力以及具有民粹主义的社会计划的刚性支出。

由此可见，俄罗斯既要在利益集团和刚性支出的压力下依靠资源经济保证经济增长、维护社会稳定，同时又在国际市场的激烈竞争以及国内严峻的经济形势要求下走创新之路。另外，俄罗斯的科技优势很大程度上集中在能源、核技术、通信、航空、国防军工等领域。因此，俄罗斯不是放弃传统的强势领域，而是希望首先通过发展高新技术，增加这些领域的科技含量，摆脱原料型经济，然后通过这些领域的技术扩散，逐步实现俄罗斯科技创新之路的增量。这也是俄罗斯结合本国国情，最终选择了政府推动的"再工业化"渐进创新之路，同时也体现了俄罗斯的创新赶超战略。随着国家对创新经济发展的推进，再逐步向内生的社会导向型创新经济发展模式过渡。然而，政府在创新经济中的作用过度发挥将会影响到经济竞争以及经济创新的内生发展。

（二）俄罗斯"再工业化"创新之路解析[①]

所谓"再工业化"是西方文献中较为成熟的概念。根据早在1968年版的《韦伯斯特词典》中对其解释，即"一种刺激经济增长的政策，特别是通过政府帮助来实现旧工业部门复兴的现代化并鼓励新兴工业部门的增长"。根据国内学者的观点，其核心是产业转型，尤其是传统工业的再度复兴，其政策措施主要是制度创新与技术创新并进，市场调节与政府作用相结合。

选择该道路的原因主要是：第一，俄罗斯工业具有比较优势，如能源原材料的生产、加工制造业等；航天航空业、军事生产等甚至具有一定的竞争优势。通过"再工业化"，一方面发展高新技术产业，另一方面用高新技术装备改造俄罗斯传统工业，工业结构内部的优化还可为第一、第三产业发展提供条件。第二，俄罗斯整体处于工业化

---

① 本部分论述参见程伟、殷红《俄罗斯产业结构演变研究》，《俄罗斯中亚东欧研究》2009年第1期。

后期阶段。这说明俄罗斯现有工业化水平尚不高，需要通过"再工业化"途径对其重组、优化和锤炼，同时注入知识经济的新元素和市场经济的新机制。第三，适用于崛起进程中的国家战略需求。重化工业也曾使苏联成为超级大国，俄罗斯继承了苏联雄厚的工业基础，发展潜力巨大，完全有可能重新成为世界政治经济大国和强国。况且，俄罗斯已经崛起，必然加快增强关乎国民经济和国家安全命脉的工业领域的竞争力。

四 俄罗斯创新型国家建设前景

通过对美国、日本、韩国等典型创新型国家形成的经验可以发现，即使在已经建立较为完善的市场经济条件下，仍需要充分发挥政府的作用，包括把创新上升到国家战略地位并适时调整，对创新路径的选择、创新体制的顶层设计以及政策协调机制，卓有成效的创新保障措施，创新精神和国家创新文化的培育，尤为重要的是要构建符合本国国情、有本国特色的国家创新体系，走符合本国国情的创新之路。这样的创新之路才能真正改变本国命运。

俄罗斯选择政府推动的"再工业化"的渐进转型之路是符合俄罗斯国情的。

这也符合创新之路选择必须符合本国国情的要求。通过上文的分析，我们可以发现，俄罗斯的科技体制转型为创新经济发展已经积累了诸多有利因素。市场机制的引入、市场与政府的结合，奠定了活跃科技创新的制度基础；国家创新体系的基本建立；颁布相关政策法规，促进科技与经济的结合、科技与教育的结合、军用两用技术的结合；科技运行机制作用逐步发挥。尽管其存在诸多问题，但这些因素将构成俄罗斯发展创新经济的坚实基础。

另外，普京推行威权的政治理念，理顺了各政党之间的关系，培育杜马中的中间政治力量，消除了保守势力在国家政治生活中的影响力，为各项法律、法规的制定和实施扫清了障碍。政治稳定为俄罗斯的科技创新的实现创造了良好的政治基础和外部环境。同时，根据世界银行统计的全球治理指标（Worldwide Governance Indicators，WGI），尽管俄罗斯总体指标与典型创新型国家存在很大差距，但就自身而言，也显示了一定的总体进步态势，除政府责任指数以外，腐败控制、政府效率、政治稳定、监管质量、法治水平指标 5 项指标总体均不断上升，体现了俄罗斯政府治理的积极变化趋势。

自然资源的合理利用将会促进俄罗斯的科技创新。科技创新的实现离不开资源的投入。俄罗斯拥有的丰富自然资源为科技创新提供了物质保证，不但有利于科技研发设备的提供，而且有利于节约科技创新产品的成本，提升产品的竞争力，占据更为广阔的市场。创新经济的发展离不开稳定的政治经济环境，丰裕的自然资源在某种程度上可以保证国内经济政治免受动荡之苦，使国家沿着既定路线向创新经济过渡。

俄罗斯和美国的全球治理指标（WGI）对比情况如表 7-3 所示。

表7-3 俄国罗斯和美国的全球治理指标（WGI）指标对比情况

国家	年份	腐败控制	政府效率	政治稳定	监管质量	法治水平	政府责任
俄罗斯	2000	-0.99524	-0.72	-1.39677	-0.57938	-1.09756	-0.34627
	2016	-0.85978	-0.21577	-0.89373	-0.41565	-0.80035	-1.21165
美国	2000	1.657759	1.802651	1.084508	1.760756	1.592754	1.310167
	2016	1.330602	1.48105	0.353568	1.497168	1.66605	1.103929

资料来源：https：//datacatalog.worldbank.org/dataset/worldwide-governance-indicators。

同时，俄罗斯有着丰富的科技实力。雄厚的基础研究是创新的根本，是创新大国保持技术优势的源泉，是突破国外技术封锁、实现赶超创新战略的重要途径，如日本、韩国等典型创新型国家后来都从应用研究向基础研究转型。转型以来，尽管俄罗斯科技人才大规模流失，但仍继承了苏联绝大部分科技精英与科技资源，科研总体实力居于世界前列。根据俄罗斯国家统计局 2008 年的统计数据，俄罗斯拥有包括科学院、高等院校科研院工程院和工业设计研究院"四大科研系统"在内的科研机构多达 3957 个，从事研发人员总数为 801135 人。另外，俄罗斯科研与国民素质都处于上乘。俄罗斯是世界公认的科技大国，拥有众多的高科技人才和科技成果。俄罗斯转型以来又有三人获得诺贝尔物理学奖。① 俄罗斯从苏联继承的受过高等教育且从事研发的科研人员达 96 万人，尽管遭遇科技人才流失，但目前仍能维持在 80 万名左右，并且科技流失人员多转入到国内收入较高的商业部门和私有化企业中，到国外的仅占较小部分，2009 年，每万名劳动力中研发人员为 122 人。② 就学位专家的绝对数而言，其在技术科学、计算科学等方面超过美国的 30%—40%。也正如第五章第三节所分析的，俄罗斯的基础研究仍处于世界领先地位，部分宏观技术领域仍保持国际领先水平，军工和宇航技术领域仍与美国并驾齐驱，民用技术中也不乏强项，如此雄厚的科技资源将为科技创新提供基础。尽管俄罗斯技术创新存在诸多问题，但积极作用日益凸显。

另外，2008 年国际金融危机的这种倒逼迫使普京再次确定俄罗斯走创新之路，这已形成整个社会的共识，再加上近些年创新理念的培育，都有利于政府相关创新政策的落实。2008 年，俄罗斯研发投入占 GDP 的 1.04%，即使在金融危机影响之下，2009 年增加到 1.25%，增幅为 19%。梅德韦杰夫继任总统后，创新经济发展获得了有益探索，同时，2012 年 8 月加入世界贸易组织将有助于俄罗斯引进先进技术、吸引外资、扩大出口，还会促使俄罗斯进行内部改革，为提高执政能力，完善市场经济制度安排，建设公平、有序、透明的竞争环境，转变经济增长方式，提高经济的整体竞争力提供了较好的契机。

除此之外，俄罗斯总体经济状况与金融状况改善较大，外汇储备增加，外债规模下降，投资环境和金融环境不断改善，加之政府大力推动，这无疑有助于俄罗斯创新型国家的实现。科技创新会促进经济的增长，但事实上也需要一定程度的经济增长作为支撑。按照 2000 年的可比价格，俄罗斯 1998 年人均 GDP 为 1511 美元，2011 年上升到 3055 美元，尽管远低于典型创新型国家，但是，经济水平的上升将有助于对科技创新的支持。"对现有法律和国家管理进行调整，帮

---

① 三位诺贝尔物理学奖获得者分别为阿尔费洛夫（2000 年）、维塔利·金茨堡和阿列克谢·阿布里科索夫（2003 年）。

② http://stats.oecd.org/Index.aspx.

助俄罗斯向创新型经济发展转变。俄罗斯投资环境应不逊于其他竞争对手。这其中很重要一点，就是管理和监督体系本身，包括产品认证体系，不对有意进行创新的投资者构成额外的障碍。"[①]

新形势下的国际关系形式为俄罗斯走创新之路也营造了较好的环境。俄罗斯发展创新经济，实现现代化离不开西方的资金与技术支持。许多国际问题需要俄罗斯的合作，欧洲成为俄罗斯当前最重要的能源产品销售市场；中国崛起分担了俄罗斯来自美国的战略压力；俄罗斯在独联体的影响力重新得以恢复。在国家利益和实力的决定下，俄罗斯一贯执行平衡务实的外交政策，这为俄罗斯发展创新经济，实现现代化提供了较好的外部环境。

由表7-4俄罗斯、美国和中国三国全球竞争力、创新能力指标排名对比可以发现，俄罗斯的全球竞争力和创新能力已经显示出了积极的变化。俄罗斯全球竞争力排名已经由2012年的第67名上升为2017年的第38名，创新能力由2012年的第85名上升为2017年的第49名。

表7-4 俄罗斯、美国和中国三国全球竞争力、创新能力指标排名对比

时间（年）		2012—2013	2013—2014	2014—2015	2015—2016	2016—2017	2017—2018
俄罗斯	全球竞争力	67	64	53	45	43	38
	创新能力	85	78	65	68	56	49
美国	全球竞争力	7	5	3	3	3	2
	创新能力	6	7	5	4	4	2
中国	全球竞争力	29	29	28	28	28	27
	创新能力	33	32	32	31	30	28

资料来源：The Global Competitiveness Report 2012 – 2018，2012 – 2017 World Economic Forum。

正如上文所述，尽管俄罗斯科技进步与科技创新仍未成为促进其经济增长的主要动力，创新之路比较曲折，但创新经济发展整体已经

[①] 2009年梅德韦杰夫国情咨文。

显示了积极的变化。就俄罗斯经济发展阶段而言,《全球竞争力报告(2017—2018)》显示,其将全球国家根据人均 GDP 等指标分为五种类型的驱动国家,分别要素驱动型、效率驱动型、创新驱动以及分别介于要素驱动—效率驱动、效率驱动—创新驱动型之间国家。俄罗斯当前正处于由效率驱动型的 31 个国家之一。[①]

由图 7-2 俄罗斯 2017 年全球竞争力指数,我们可以发现,与欧亚大陆的其他经济体相比,俄罗斯的商业成熟度、机构、健康与初等教育、商品市场效率、劳动力市场效率、金融市场发展与之基本持平,但市场规模、基础设施、宏观经济环境、高等教育与培训、科技准备度以及创新与之相比更优。

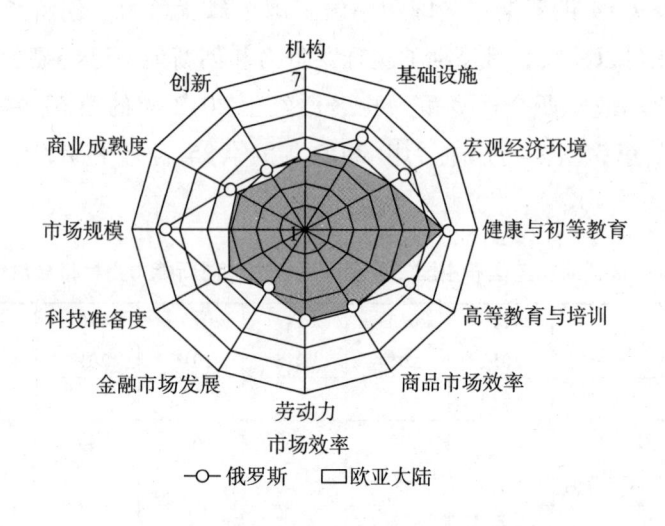

图 7-2 俄罗斯 2017 年全球竞争力指数

资料来源:*The Global Competitiveness Report* 2017 – 2018, 2017 *World Economic Forum*。

---

① 对于《全球竞争力报告(2017—2018)》参评的 137 个国家,创新驱动型国家有 35 个,效率驱动型向创新驱动型过渡国家 15 个,效率驱动型国家 31 个,要素驱动型向效率驱动型过渡国家 20 个,要素驱动型国家 3 个。然而,需要说明的是,根据《全球竞争力报告(2017—2018)》的历年报告显示,俄罗斯曾在 2011 年就由效率驱动型步入到效率驱动—创新驱动型国家经济发展阶段,之后 4 年一直处于这一经济发展阶段。但是,在 2016 年退回到要素驱动—效率驱动型国家阶段,之后又开始逐步回归。

另外，世界银行的知识经济指标（Knowledge Economy Index，KEI）也显示了这一总体趋势，2012年，在俄罗斯在全球146个国家和地区的知识经济指标（KEI）总排名为第55名，比2000年上升了9名，创新指标排名为第40名，比2000年上升了11名；经济激励机制排名第117名，比2000年上升了15名；信息通信技术（ICT）排名第44名，比2000年上升了19名；教育指标排名第44名，比2000年下降17名。[①] 总体而言，俄罗斯知识经济指标（KEI）是向着积极趋势发展的。

然而，俄罗斯在面对着路径依赖、转型约束、"资源诅咒"以及经济全球化等多重约束之下，选择了将传统的优势部门作为战略突破口的现代化创新之路。这要求国家政府在这一过程中发挥主导性作用，把握其方向、进程与速度，将这些因素对创新经济发展形成的制约降至最低，实现优势收益的最大化，努力改变科技进步与科技创新对经济增长贡献率份额偏低的现状，发挥企业在技术创新中的主体地位，这也对政府能力提出了巨大挑战。

俄罗斯将通过主导产业向其他产业形成技术创新扩散，同样取决于科技创新发生机制的完善，离不开科技创新运行的制度基础的完善。因此，俄罗斯政府如何进一步完善市场经济，促进经济竞争，实现经济的内生发展，为技术创新及其迅速扩散提供的激励将最终决定着未来俄罗斯创新型国家的前景。对于创新潜力以及科技人力智力资源，俄罗斯并不缺乏，缺乏的只是充足的创新动力。

---

① 世界银行网站。

第八章 研究结论与启示

第一节 研究结论

俄罗斯科技体制转型是俄罗斯市场化经济转型的重要组成部分，在很大程度上决定着俄罗斯经济转型的方向，对俄罗斯经济社会的发展产生着极其深刻的影响。本书在分析创新理论的基础上，构建了科技体制转型与科技创新的分析框架，对俄罗斯的科技体制转型及其对科技创新的影响进行了客观的分析，同时分析了科技创新的经济效应。俄罗斯科技体制转型尽管存在诸多问题，但为科技创新确立了基本的制度框架，也为发展创新经济提供了重要的基础与支撑。

俄罗斯科技体制转型的初期因多重因素导致了科技创新的危机，但随着体制转型的深入以及国际形势的变化，俄罗斯的科技体制转型逻辑逐渐明朗化、制度化和规范化，较大地推动了俄罗斯科技创新及其经济效应的显现。俄罗斯的科技体制转型对俄罗斯的经济增长、产业结构以及贸易结构的调整产生了一定的积极影响。

俄罗斯在科技体制转型过程中积累了大量的经验，并逐步借鉴典型创新型国家促进科技创新实现的经验。目前，尽管存在诸多问题，但俄罗斯通过科技体制转型已经基本形成了较新的国家创新体系，理顺了官产学研各方的关系，从而使科技创新走向良性的发展轨道，创新产值逐步增加，包括军工在内的高新技术产品在国际市场的竞争力不断增强。

第一，俄罗斯科技体制转型和科技创新全方位的发展战略基本形成。俄罗斯在科技体制转型过程中，逐步克服苏联时期计划经济特色浓厚的科技体制和思想，融入了全新的发展战略，引入市场机制，加强政府的推动作用，逐步实现科技与经济、科技与教育的结合，实现军民两用技术的结合。并且俄罗斯鉴于国际形势的变化和自身的优势与不足，逐步融入科技全球化，与其他国家加强合作，积极参与高新技术产业的国际竞争。

第二，俄罗斯的科技体制转型有充分的创新理论基础。通过对科技体制转型的制度变迁进行分析，俄罗斯的科技体制已经为科技创新提供了基本的制度框架。通过市场机制的引进，打破了国家垄断的局面，为活跃科技创新的出现提供了制度基础，通过市场与政府的结合，促进了不同类型科技创新的出现。科技与经济的结合、科技与教育的结合、军民两用技术的结合的制度变迁为科技创新的实现做出了较好的制度安排。在这种制度安排下，俄罗斯科技创新组织与科技创新机制开始逐步发挥作用，俄罗斯的科技创新资源重新得到重视和积累。

第三，随着俄罗斯科技体制的转型，俄罗斯市场机制被引入科技领域，科技创新制度基础逐步实现了政府与市场的结合。随着科技与经济的结合、科学与教育的结合、军民技术的结合，带来了多种类型科技创新的实现，但是，仍以科学知识创新占主导地位，由于向商品转化存在诸多问题，因此，这也决定了其他类型的技术创新发展较慢，并形成了政府主导型的科技创新模式。

第四，俄罗斯科技体制转型带来了创新产值以及包括军工在内的高新技术产品一定程度的增长态势。俄罗斯科技体制转型在一定程度上促进了俄罗斯的经济增长，同时对俄罗斯的产业结构以及贸易结构起到了一定的优化作用，尽管并未从根本上改变俄罗斯的资源型经济特征。这也说明，随着俄罗斯科技体制逐步走向法制化，以及相关法律法规的实施，俄罗斯的科技创新从一定程度上摆脱了困境，开始逐步走向相对健康的发展道路。

第五，俄罗斯科技创新经济效应的有限性源于多重约束。科技体制转型的路径依赖使俄罗斯科技发展更多地延续了苏联时期科技体制的特点，难以与市场经济实现有机结合；转型约束造成俄罗斯政府在促进科技创新推动经济增长的宏观调控能力下降，同时俄罗斯市场制度的不完善使其对技术创新激励有限；俄罗斯科技创新的"资源诅咒"显示了资源依赖型经济对技术创新的动力不足；在经济全球化背景下，所造成的俄罗斯在国际分工格局中的困境、贸易条件恶化、国际金融危机的出现等都影响着俄罗斯技术创新的顺利实现。

第六，俄罗斯基于经济全球化背景下的国际分工格局中的困境以及俄罗斯自身经济发展迫使俄罗斯再次确定要走经济创新之路，创建创新型国家。当前，俄罗斯政府结合本国国情选择了一条政府推动的"再工业化"的渐进型创新之路。俄罗斯政府希望通过以增强本国具有高新技术优势的能源、核技术、宇航、医疗、信息等领域的重大突破，然后通过其快速发展，实现强大的技术创新的溢出效应，为经济持续稳定发展提供关键性支撑，逐步过渡到创新型经济。俄罗斯具备创新型国家建设的诸多有利条件，同时，也有诸多因素的制约。在发展创新经济的过程中，这将极大地考验着政府的能力，俄罗斯进一步如何有效的激励创新及其扩散，这将决定着未来创新型国家建设的前景。

第二节 启示

发展创新经济，进行创新型国家建设同样是我国重大发展战略，而科技体制的转型却影响科技创新的实现。由于中俄两国在科技体制转型的初始条件和结构上存在相似性，因此，总结俄罗斯科技体制转型与科技创新20余年的经验教训带给我们的启示对我们发展创新经济、进行创新型国家建设意义重大。

第一，科技体制改革应以保护科技潜力为出发点。俄罗斯的激进式转型与盲信市场万能导致了科技人才的大量流失，所带来的消极影响直到今天都没有完全消除。这让我们从中吸取教训，科技改革应以保护科技潜力为出发点。

第二，对于转型国家而言，要想实现活跃的科技创新，既要发挥政府的宏观调控的引导作用，又要发挥市场对科技资源配置的决定性作用，妥善科学地协调好政府与市场的关系，实现两者的有机结合，避免政府与市场的"双失灵"。在市场化经济转型过程中，逐步实现市场机制对原来计划机制的置换。

第三，转型国家的科技创新动力要先由政府推动为主逐步转变为市场需求拉动为主。在转型时期，由于市场机制不完善等多重因素的制约，企业尚不能成为科技研发的主体，仍需要政府来弥补企业研发投入的不足，同时也为企业树立良好的示范效应。因此，政府除了要鼓励企业进行研发投资，进行市场竞争，还要积极利用财政金融政策为企业培育良好的融资机制，加大对科技创新的资金支持。除基础领域和社会公益性领域研究的创新之外，企业应该而且必须逐步成为一国技术创新的主体。

第四，实现科技与经济的紧密结合是科技创新的内在要求。而促进科技经济紧密结合其实是一种协同创新体制，逐步健全完善市场经济体系，建立完善的市场竞争机制、融资机制、官产学研的有效合作机制，这不是仅靠国家制定若干战略规划就能实现的。科技与经济的结合需要科技体制转型深入推进，需要经济体制、政治体制、教育体制转型的协同配套。

同时，自然资源的开采和出口可以作为经济复苏时期摆脱危机的暂时手段，但不可将其作为经济发展的长期战略。经济的发展如果伴随着产业结构的升级，科技创新没有从中发挥驱动作用，相反却是形成科技与资源开采、出口的恶性互动，这只能使经济发展更加恶化。当然，俄罗斯经济增长对资源的依赖非一日形成，摆脱对资源的依赖显然不可能在短期内能做到，甚至会带来经济下滑。

第五，通过制度创新加大对科技创新的有效激励，为科技创新的实现营造有利环境。中俄两国同属转型国家，同样面临着科技体制转型的路径依赖、转型约束、经济全球化等深层次因素制约。根据《全球竞争力报告（2017—2018）》，中国仍处于效率驱动阶段，距离创新型国家目标的实现仍有很远的距离。中俄两国同样面临着经济水平不高、有效市场需求不足等问题，如2011年中国人均GDP为2640美元（俄罗斯为3055美元，美国为37691美元），人均居民消费支出为949美元（俄罗斯为2014美元，美国为27175美元），人均居民最终消费支出占人均GDP。比重非常低，2011年为35.9%（俄罗斯为65.9%，美国为72.1%）。① 这都需要充分发挥政府的作用，为科技创新提供包括制定科学战略规划、财政政策等有效制度安排，营造良好的科技创新环境，促进科技创新的实现。

第六，完善对科技创新人才的制度激励环境。科技与教育的结合是培养创新人才的重要途径。然而，相关制度安排不但要培养出大量的创新人才，同时还要有其他制度安排确保能够留住创新人才，用好创新人才，充分发挥创新人才在发展创新经济中的重大作用。"我国流失的顶尖人才数量居世界首位，其中，科学和工程领域滞留率平均达87%。"② 因此，完善我国对科技创新人才的制度激励环境对于实现科技资源合理配置、早日实现创新型国家尤为重要。

第七，推进军转民要合理确定军用品与民用品的结构，制定合理的军转民规划，通过科学的法律法规确保实施，保证军转民的资金足额。另外，俄罗斯通过组建大型军工集团，引入竞争机制，优化结构改善布局，增强军民结合促进了大批国防科研机构和军工企业发展，这值得我们借鉴。同时，可以在坚持原则的情况下，积极扩大军用品出口，这样，既可以赚取外汇减轻国家负担，又可以提高国防科技工业竞争力，同时也可以实现国家利益，扩大国际影响力。

第八，加强与俄罗斯的高新技术合作。目前，俄罗斯进行创新型国家建设的资金更多地源于资源型经济，发展高新技术产业可谓资金短缺。而我国资金比较充足，但高新技术人才和研发能力相对不足，恰好与俄罗斯形成优势互补，因此，应该借助俄罗斯以高新技术产业为依托发展创新经济的契机，设法加强与俄罗斯的科技合作。

① 世界银行网站。
② 中国成最大人才流失国，科学等领域滞留率达87%，http://edu.people.com.cn/n/2013/0604/c1053-21733274.html。

参考文献

[1] 鲍鸥:《中俄科技改革回顾与前瞻》,山东教育出版社 2007 年版。

[2] 陈华:《生产要素演进与创新型国家的经济制度》,中国人民大学出版社 2008 年版。

[3] 陈劲、张学文:《创新型国家建设》,科学出版社 2010 年版。

[4] 程伟:《经济全球化与经济转型互动研究》,商务印书馆 2005 年版。

[5] 程伟:《俄罗斯转型 20 年重大问题》,辽宁大学出版社 2011 年版。

[6] 傅家骥:《技术创新学》,清华大学出版社 1998 年版。

[7] 高德步、王珏:《世界经济史》,中国人民大学出版社 2003 年版。

[8] 龚惠平:《俄罗斯科学技术概况》,科学出版社 2010 年版。

[9] 韩小明:《创新型国家与政府行为》,中国人民大学出版社 2009 年版。

[10] 黄如安:《俄罗斯的军事装备工业与贸易》,国防工业出版社 2008 年版。

[11] 贾康:《建设创新型国家的财政政策与体制变革》,中国人民大学出版社 2008 年版。

[12] 雷家骕、程源、杨湘玉:《技术经济学的基础理论与方法》,高等教育出版社 2005 年版。

[13] 刘东、杜占元:《中小企业与技术创新》,社会科学文献出版社 1998 年版。

[14] 卢现祥、朱巧玲：《新制度经济学》，北京大学出版社 2007 年版。

[15] 吕炳斌：《建设创新型国家背景下的知识产权保护》，知识产权出版社 2010 年版。

[16] 戚文海：《转型时期的俄罗斯科技战略、科学技术与俄罗斯经济转型》，黑龙江人民出版社 2001 年版。

[17] 童伟：《俄罗斯的法律框架与预算制度》，中国财政经济出版社 2008 年版。

[18] 吴易风、程恩富、丁冰等：《当代经济学理论与实践》，中国经济出版社 2007 年版。

[19] 徐坡岭：《俄罗斯经济转型轨迹研究——论俄罗斯经济转型的经济政治过程》，经济科学出版社 2002 年版。

[20] 袁庆明：《技术创新的制度结构分析》，经济管理出版社 2002 年版。

[21] 赵玉林：《创新经济学》，中国经济出版社 2006 年版。

[22] 中国科学院文献情报中心：《中外科技政策评论》（第一卷），北京理工大学出版社 2003 年版。

[23] 中华人民共和国科技部：《主要创新型国家科技创新发展的历程及经验》，中国科学技术出版社 2006 年版。

[24] 钟亚平：《苏联—俄罗斯科技与教育发展》，人民教育出版社 2003 年版。

[25] 周维第：《俄罗斯国防工业体转型及其经济效应研究》，中国社会科学出版社 2011 年版。

[26] Л. И. 阿巴尔金：《俄罗斯发展前景预测——2015 年最佳方案》，周绍珩译，社会科学文献出版社 2001 年版。

[27] 波特：《国家竞争优势》，李明轩、邱如美译，华夏出版社 2005 年版。

[28] 道格拉斯·诺思：《经济史中的结构与变迁》，陈郁、罗华平译，上海三联书店 1994 年版。

[29] 道格拉斯·诺思：《制度、制度变迁与经济绩效》，陈郁、罗华

平译，上海人民出版社 1994 年版。

[30] 德·阿·梅德韦杰夫：《俄罗斯国家发展问题》，陈玉荣、王生滋、李自国译，世界知识出版社 2008 年版。

[31] 格伦·E. 施韦策：《新时期俄罗斯的科技、经济与安全》，李韬、黄飞君译，北京理工大学出版社 2007 年版。

[32] 格罗斯曼、赫尔普曼：《全球经济中的创新与增长》，何帆译，中国人民大学出版社 2002 年版。

[33] 科斯：《财产权利与制度变迁——产权学派与新制度学派译文集》，刘守英译，上海三联书店 1994 年版。

[34] 洛伦·R. 格雷厄姆：《俄罗斯和苏联科学简史》，叶式骝、黄一勤译，复旦大学出版社 2000 年版。

[35] 普京：《普京文集（2002—2008）》，张树华、李俊升、许华等译，中国社会科学出版社 2008 年版。

[36] 青木昌彦：《比较制度分析》，周黎安译，上海远东出版社 2001 年版。

[37] 热若尔·罗兰：《转型与经济学》，张帆、潘佐红译，北京大学出版社 2002 年版。

[38] 速水佑次郎、神门善久：《发展经济学》，李周译，社会科学文献出版社 2009 年版。

[39] 熊彼特：《经济发展理论》，何畏等译，商务印书馆 1990 年版。

[40] 熊彼特：《资本主义社会主义与民主》，吴良健译，商务印书馆 1999 年版。

[41] 熊彼特：《经济周期循环论》，叶华译，长安出版社 2009 年版。

[42] 鲍鸥：《转型期俄罗斯科技政策分析》，《科学学研究》2005 年第 5 期。

[43] 鲍鸥：《俄罗斯科技政策动态分析》，《燕山大学学报》（哲学社会科学版）2009 年第 6 期。

[44] 程伟、殷红：《俄罗斯产业结构演变研究》，《俄罗斯中亚东欧研究》2009 年第 1 期。

[45] 程伟：《世界金融危机中俄罗斯的经济表现及其反危机政策评

析》,《世界经济与政治》2010 年第 9 期。

[46] 程亦军:《俄罗斯科技现状与创新经济前景分析》,《俄罗斯中亚东欧市场》2005 年第 11 期。

[47] 迟岚:《俄罗斯科技体制改革与战略》,《俄罗斯中亚东欧研究》2004 年第 2 期。

[48] 刁秀华、郭连成:《俄罗斯创新发展战略及其实施效应》,《财经问题研究》2015 年第 7 期。

[49] 葛新蓉:《俄罗斯区域经济发展中的创新因素分析》,《西伯利亚研究》2010 年第 6 期。

[50] 葛新蓉:《俄罗斯远东地区创新发展的问题与路径分析》,《俄罗斯中亚东欧研究》2011 年第 6 期。

[51] 关雪凌、程大发:《全球产业结构调整背景下俄罗斯经济定位的困境》,《国际观察》2005 年第 8 期。

[52] 郭林、丁建定:《俄罗斯科技人才培养与激励政策的改革与启示》,《科技进步与对策》2012 年第 1 期。

[53] 贺力平:《经济周期与新经济的兴衰》,《世界经济与政治》2001 年第 5 期。

[54] 胡小平:《俄罗斯难以走上创新型发展道路》,《科技管理研究》2010 年第 11 期。

[55] 姜振军:《俄罗斯科技安全面临的威胁及其防范措施分析》,《俄罗斯中亚东欧研究》2010 年第 1 期。

[56] 李刚、李红、王汉斌:《资源型经济地区科技进步贡献率测量适用模型研究》,《工业技术经济》2010 年第 1 期。

[57] 李晓:《苏联经济体制新模式初探》,《国际技术经济研究学报》1989 年第 10 期。

[58] 李晓:《"新经济"为什么出现在美国》,《东北亚论坛》2000 年第 1 期。

[59] 李旭:《俄罗斯科技创新体系中联邦政府的主导角色评析》,《当代世界与社会主义》2016 年第 6 期。

[60] 柳卸林、段小华:《转型中的俄罗斯国家创新体系》,《科学学

研究》2003 年第 3 期。

[61] 刘友平：《美日德韩国家科技资源配置模式比较及其借鉴意义》，《科技与管理》2005 年第 5 期。

[62] 吕秀伟：《俄罗斯小企业在国家创新体系中的作用》，《西伯利亚研究》1999 年第 6 期。

[63] 潘金虎、余珊萍：《技术创新政策的国际比较》，《科技进步与对策》2001 年第 1 期。

[64] 彭华涛：《区域科技资源配置的新制度经济学分析》，《科学学与科学技术管理》2006 年第 1 期。

[65] 戚文海：《俄罗斯科技创新政策》，《西伯利亚研究》2001 年第 5 期。

[66] 戚文海：《经济转型国家的国家创新体系评价——以俄罗斯为研究案例》，《俄罗斯中亚东欧研究》2005 年第 5 期。

[67] 戚文海：《转型时期俄罗斯政府在技术创新中的地位与作用》，《中国软科学》2005 年第 11 期。

[68] 戚文海：《基于转型视角的俄罗斯国家创新战略的演进与趋势》，《俄罗斯研究》2007 年第 5 期。

[69] 戚文海：《经济转型以来的技术创新绩效》，《经济研究参考》2007 年第 7 期。

[70] 戚文海：《创新经济：经济转型国家经济发展道路的新趋向——以俄罗斯为研究重点》，《俄罗斯中亚东欧研究》2007 年第 6 期。

[71] 戚文海：《从资源型经济走向创新型经济：俄罗斯未来经济发展模式的必然选择》，《俄罗斯研究》2008 年第 3 期。

[72] 戚文海：《论俄罗斯中小企业在技术创新中的地位与作用》，《东北亚论坛》2008 年第 5 期。

[73] 戚文海：《制度变迁、技术创新、结构调整与经济增长——以体制变迁中的俄罗斯为例》，《国外社会科学》2010 年第 1 期。

[74] 戚文海：《俄罗斯关键技术产业的创新发展战略评价》，《俄罗斯中亚东欧市场》2010 年第 4 期。

[75] 戚文海：《后金融危机时期俄罗斯发展创新经济的新趋向》，《俄罗斯中亚东欧市场》2012 年第 2 期。

[76] 邱红：《俄罗斯的科技资源及对外科技合作政策研究》，《东北亚论坛》2007 年第 3 期。

[77] 曲文轶：《资源禀赋、产业结构与俄罗斯经济增长》，《俄罗斯研究》2007 年第 1 期。

[78] 曲文轶：《普京新政和俄罗斯经济政策走向》，《国际经济评论》2012 年第 3 期。

[79] 生延超：《"金砖四国"技术创新模式的比较研究》，《湖南商学院学报》2011 年第 1 期。

[80] 宋兆杰：《试论转型时期俄罗斯科学技术政策》，《科学学与科学技术管理》2006 年第 10 期。

[81] 宋兆杰、王续琨：《"荷兰病"与俄罗斯科学——技术创新》，《科技管理研究》2010 年第 23 期。

[82] 童伟、孙良：《中俄创新经济发展与政策保障机制比较研究》，《俄罗斯中亚东欧市场》2010 年第 4 期。

[83] 汪涛、李石柱：《国际化背景下政府主导科技资源配置的主要方式分析》，《中国科技论坛》2002 年第 4 期。

[84] 谢蕾蕾：《"金砖四国"创新能力结构的比较与启示》，《统计研究》2010 年第 8 期。

[85] 徐林实：《中俄区域合作中大型企业技术创新模式探析——基于东北老工业基地振兴外向化的思考》，《俄罗斯中亚东欧研究》2009 年第 2 期。

[86] 徐坡岭：《中俄企业创新行为比较：异同及其原因》，《俄罗斯中亚东欧研究》2009 年第 5 期。

[87] 徐坡岭：《"转型国家经济发展战略及其与中国的合作"学术研讨会综述》，《俄罗斯中亚东欧研究》2012 年第 3 期。

[88] 徐坡岭：《俄罗斯国家发展新战略》，《国际经济评论》2012 年第 3 期。

[89] 曾晓娟、宋兆杰：《科学城：俄罗斯科技创新的前沿阵地》，

《科技管理研究》2013年第10期。

[90] 张军:《道格拉斯——诺斯的经济增长理论述评》,《经济学动态》1994年第5期。

[91] 张敏容:《中国科技体制改革的路径选择》,《北京理工大学学报》(社会科学版)2007年第6期。

[92] 张寅生、鲍鸥:《俄罗斯科技创新体系改革进展》,《经济社会体制比较》2005年第3期。

[93] 赵传君:《俄罗斯离创新经济有多远》,《俄罗斯中亚东欧市场》2011年第1期。

[94] 钟惠波、郑秉文:《金砖四国在"国家创新体系"中政府作用的比较——趋同性与植根性的分析角度》,《现代经济探讨》2011年第9期。

[95] 周绍森、胡德龙:《科技进步对经济增长贡献率研究》,《中国软科学》2010年第2期。

[96] 朱春奎:《财政科技投入与经济增长的动态均衡关系研究》,《科学学与科学技术管理》2004年第3期。

[97] 邹秀婷:《中俄创新经济之比较》,《西伯利亚研究》2006年第5期。

[98] 陈凤娣:《论科技创新的运行机制》,博士学位论文,福建师范大学,2008年。

[99] 仇永民:《我国创新型国家建设的人文社会维度研究》,博士学位论文,华东师范大学,2010年。

[100] 党建伟:《冷战后俄罗斯国防科技体制转型研究》,硕士学位论文,国防科学技术大学,2007年。

[101] 宋兆杰:《苏联—俄罗斯科学技术兴衰的制度根源探析》,博士学位论文,大连理工大学,2008年。

[102] 肖敏:《创新型国家建设的R&D资源配置研究》,博士学位论文,上海交通大学,2010年。

[103] 曾方:《技术创新中的政府行为——理论框架和实证分析》,博士学位论文,复旦大学,2003年。

[104] Andersenand Lundvall, *Small National Systems of Innovation Facing Technological Revolutions: An Analytical Framework*, London: Pinter, 1988.

[105] Balzat, *An Economic Analysis of Innovation: Extending the Concept of National Innovation Systems*, Cheltenham, UK: Edward Elgar, 2006.

[106] Dosi, Freeman and Nelson et al., *Technical Change and Economic Theory*, London: Pinter, 1988.

[107] Edquist, *Systems of Innovation: Technologies, Institutions and Organizations*, New York: Pinter, 1997.

[108] Freeman, *The Economics of Industrial Innovation*, Cambridge, Mass: The MIT Press, 1982.

[109] Freeman, *Technology Policy and Economic Performance: Lessons From Japan*, London: Pinter, 1987.

[110] Lundvall, *National Systems of Lnnovation: Towards a Theory of Innovation and Interactive Learning*, London: Pinter, 1992.

[111] Nelson, *National Innovation Systems: A Comparative Analysis*, New York: Oxford University Press, 1993.

[112] Poter, *Competitive Advantage of Nations*, New York: The Free Press, 1990.

[113] Rosenberg, N. and Kline, S. J., *An Overview of Innovation*, Washington: National Academy Press, 1986.

[114] Schmookler, J., *Invention and Economic Growth*, Cambridge, Mass: Harvard University Press, 1966.

[115] Christion Gianella and William Tompson, *Stimulating Innovation in Russia: The Role of Institutions and Policies*, Paris: *OECD Work Paper* No. 539, 2007.

[116] Dr. Leonid Gokhberg, *Russia: A New Innovation System for the New Economy*, Moscow: Higher School of Economics Institute for Statistical Studies and Economics of Knowledge, 2003.

[117] Gaidar Institute, *Russian Economy: Trends and Perspectives* (yearly), Moscow: Gaidar Institute for Economic Policy, 1992-2017.

[118] Lundvall, "National Innovation Systems: Analytical Focusing Device and Policy Learning Tool", Stockholm: *Swedish Institute for Growth Policy Studies Working Paper* 2007: 004.

[119] Ministry of Education and Science of the Russian Federation, "*National Innovation System and State Innovation Policy of the Russion Federation—Background Report to the OECD Country of the Russian Innovation Policy*", Moscow: Ministry of Education and Science of the Russian Federation, 2009.

[120] OECD, *National Innovation System*, Paris: OECD, 1997.

[121] OECD, *Managing National Innovation Systems*, Paris: OECD, 1999.

[122] OECD, *Bridging the Innovation Gap in Russia*, Paris: OECD, 2011.

[123] OECD, *Reviews of Innovation Policy: Russian Federation*, Paris: OECD, 2011.

[124] Rajneesh Narula and Irina Jormanainen, *When a Good Science Base is not Enough to Create Competitive Industries: Lock-in and Inertia in Russian Systems of Innovation*, SLPTMD Working Paper Series No. 022, 2008.

[125] Sergey Boltramovich, Pavel Filippov and Hannu Hernesniemi, *The Innovation System and Business Environment of Northwest Russia*, Helsinki: The Research Institute of the Finnish Economy No 953, 2004.

[126] World Economic Forum, *The Global Competitiveness Report* (yearly), New York: Oxford University Press: 2001-2017.

[127] A. Kihlgren, "Promotion of Innovation Activity in Russia Through the Creation of Science Parks: The Case of St. Petersburg (1992-1998)", *Technovation*, Vol. 1, No. 23, 2003.

[128] Alexey Prazdnichnykh and Kari Liuhto, "The Russian Enterprise Directors' Perceptions on the Innovation Activity Oftheir Company: A Briefing of the Empirical Results", *Journal for East European Management Studies*, No. 4, 2010.

[129] Alexey Prazdnichnykh and Kari Liuhto, "Russian Companies do Innovate", *Review of International Comparative Management*, No. 11, 2010.

[130] Daria Podmetina, "Innovativeness and International Operations: Case of Russian R&D Companies", *International Journal of Innovation Management*, Vol. 13, No. 2, 2009.

[131] E. Kuznetsov, "Mechanisms to Stimulate Innovation – based Growth in Russia", *Problems of Economic Transition*, Vol. 46, No. 9, 2004.

[132] Evgeny A. Klochikhin, "Russia's Innovation Policy: Stubborn Path – dependencies and New Approaches", *Research Policy*, No. 9, 2012.

[133] Freeman, "Continental, National and Sub – national Innovation Systems – complementarity and Economic Growth", *Research Policy*, No. 2, 2002.

[134] Furman, Porter and Stern, "The Determinants of National Innovative Capacity", *Research Policy*, Vol. 31, No. 6, 2002.

[135] G. Dezhina and B. G. Saltykov, "The National Innovation System in the Making and the Development of Small Business in Russia", *Studies on Russian Economic Development*, No. 2, 2005.

[136] Golichenko, "Modernization and Reform of Russia's Innovation strategy", *Problems of Economic Transition*, No. 9, 2011.

[137] Hirofumi Uzawa, "Optimal Technical Change in an Aggregative Model of Economic Growth", *International Economic Review*, Vol. 6, No. 1, 1965.

[138] Irina Dezhina and Loren Graham, "Science and Higher Education in Russia", *Social Studies of Science*, No. 8, 2009.

[139] János Kornai, "Innovation and Dynamism Interaction between Systems and Technical Progress", *Economics of Transition*, Vol. 18, No. 4, 2010.

[140] Kari Liuhto, "Russia's Innovation Reform—The Current State of the Special Economic Zones, Revista de Management Comparat International", *Review of International Comparative Management*, No. 1, 2009.

[141] L. Gokhberg, "Russia's National Innovation System and the 'New Economy'", *Problems of Economic Transitions*, Vol. 46, No. 9, 2004.

[142] Lundvall, Johnson and Anderson et al., "National Systems of Production, Innovation and Competence Building", *Research Policy*, Vol. 31, No. 2, 2002.

[143] Nasierowski and Arcelus, "Interrelationships among the Elements of National Innovation Systems: A Statistical Evolution", *European Journal of Operational Research*, Vol. 119, No. 2, 1999.

[144] Nasierowski and Arcelus, "On the Efficiency of National Innovation Systems", *Socio - economic Planning Sciences*, Vol. 37, No. 3, 2003.

[145] Niosi, Saviottip and Bellon et al., "National Systems of Innovation in Search of a Workable Concept", *Technology in Society*, Vol. 15, No. 2, 1993.

[146] Niosi, "National Systems of Innovations are 'X - efficient' (and X - effective) Why Some are Slow Learners", *Research Policy*, Vol. 31, No. 2, 2002.

[147] Patel and Pavitt, "The Nature and Economic Importance of National Innovations Systems", *STI Review*, No. 14, 1994.

[148] Peter B. Robinson et al., "Towards Entrepreneurship and Innovation in Russia", *International Journal of Entrepreneurship and Innovation Management*, No. 1, 2001.

[149] Radosevic, "Transformation of Science and Technology System into Systems of Innovation in Central and Eastern Europe: The Emerging Patterns and Determinants", *Structural Change and Economic Dynamics*, Vol. 10, No. 3 - 4, 1999.

[150] Robert E. Lucas, "On the Mechanics of Economic Development", *Journal of Monetary Economics*, Vol. 22, No. 1, 1988.

[151] Romer, Paul M., "Endogenous Technological Change", *Journal of Political Economy*, Vol. 98, No. 2, 1990.

[152] Solow, "A Contribution to the Theory of Economic Growth", *Quarterly Journal of Economics*, No. 70, 1956.

[153] S. S. Tereshchenko, "Innovation and the Information Society of Russia", *Scientific and Technical Information Processing*, No. 1, 2010.

[154] Varblane, Dyker and Tamm, "How to Improve the National Innovation Systems of Catching - up Economies", *Trames*, Vol. 11, No. 2, 2007.

[155] V. Bushuev and N. Isain, "Oil and Russia's Innovation Economy", *Journal of the Economic Association*, Vol. 16, No. 4, 2012.

后　　记

俄罗斯是当前世界上最大的转型国家之一，同时，也是中国最大的邻国，并且同处于转型期的中俄两国科技体制又同样源于苏联模式，而两国又不约而同地提出建设创新型国家。因此，理解和把握俄罗斯科技体制转型与科技创新引起了我浓厚的学术兴趣，并将俄罗斯科技体制转型与科技创新这个可能超出自己学术驾驭能力的题目作为自己的研究对象，并试图建立一个"科技体制转型与科技创新"的理论问题与分析框架，以此来分析研究俄罗斯的科技体制转型与科技创新问题。

尽管在研究过程中面临着诸多意想不到的困难和障碍，经历了一个个不眠之夜，但聊以慰藉的是，在学界师长与同人的大力支持与关心下终于可以使该研究呈现在大家面前，难言欣喜，更多的是惶惑。尽管它可能不成熟，但作为我学术尝试的一次总结，让我能在未来的学术研究中更加努力的探索。

本书能够得以完成首先要感谢我的导师徐坡岭教授的悉心指导。同时，也要感谢我的其他导师和同学的建议。借此机会，也要特别感谢四川轻化工大学管理学院对本书提供的资金支持。

我还要感谢一直支持我学习和研究工作的至爱亲朋，尤其是我的爱人冯艳红，为我们的家庭和孩子的成长付出了巨大的辛劳，无怨无悔！在写作的过程中，参考众多学者的文献，无法逐一列举，只能一并谢过！这部著作能够出版也要特别感谢中国社会科学出版社的卢小生主任！

无奈个人学识能力有限，研究之中定有诸多不足和值得商榷之处，敬请各位专家学者批评指正！这将是我今后学习与工作的动力与努力方向，我将不遗余力，勇往直前！

王忠福

2018 年 9 月